TREES: BETWEEN EARTH AND HEAVEN

后浪

TREES

BETWEEN EARTH AND HEAVEN

天地之间

PHOTOGRAPHS BY ART WOLFE

[美] 阿特 · 沃尔夫 摄 [美] 格里高利 · 麦克纳米 文 孙依静 译

目　录

前　言

年青时，我曾在靠近海达瓜依群岛西海岸的一个伐木场上度过了一个漫长的冬天。这些小岛也被称为夏洛特皇后群岛，当时这些小岛知名度很高。作为一名勘测员，我大多时候都在森林里，远远地走在伐木工人前头，规划路线和砍伐区，确定砍伐方式。寒冬腊月，我们这个小团队走在大教堂般参天而立的红雪杉、铁杉和锡特卡云杉林中。

在这偏远的伐木场，生活给人一种不真实的感觉。人们背井离乡，为挣得一份薪水，在几分钟内伐倒生长了几个世纪的树木。机器持续发出刺耳的轰鸣声，森林沦为焦土和泥地，狂风卷着冻雨划过冰封的海湾，冻住了索具，这一切都在人们的生活里蚀刻下印记。然而，没有人对我们的所作所为抱以幻想。周复一周，月复一月，砍伐区不断蔓延，吞噬了森林，仅留下残破、荒凉的土地，一层薄土在冬雨的冲刷下，随着深色的急流，汩汩地流向大海。这片土地后来发生了什么已无关紧要，它也只能被大自然遗弃了。乱石堵塞河流，侵蚀与滑坡在山坡上刻下疤痕，砍伐一空的林地上堆着一摞摞废弃的木材。这是不变的定律，是将树木仅仅视作木材单元，将森林看作纤维素和木材仓库这一思维方式不可避免的后果。

然而，我们却身处一个充满树木奇迹的世界。我们砍下的红雪杉，根部足有6米深，甚至还要更深。西部铁杉的树干，堪称生物工程的奇迹，里头储存了数千加仑（美制1加仑≈3.8升。——编者注）水，用以供养如冠的枝叶。枝头上装点着7000万根针叶，以捕捉洒落的阳光。若平铺在地面上，单棵树的针叶就能铺就10个足球场大小的光合表面。锡特卡云杉高效率的蒸腾作用将水分输送到树冠，同时树枝能吸收磷、钙和镁元素，使地衣得以茁壮成长，后者则直接从空气中吸收氮（固氮作用。——编者注），从而将其带入生态系统的循环。

森林地面上，厚垫子般的泥炭藓和其他苔藓过滤雨水，保护数百种真菌的菌丝。菌丝在生长过程中常常同树根不期而遇。这两个物种若联合得当，就会展开一个非同寻常的生物事件。真菌和树木结合，形成菌根，这种共生伙伴关系使得双方都能获益。没有这一联合，任何树木都无法茁壮生长。例如，西部铁杉就非常依赖这种菌根真菌，纵然树干高耸入云，它们的根系却仅仅扎在地表。

令人惊讶的是，随着冰川消退，陆地上升，暖风吹拂海岸，美洲的沿海森林从形成到发展至如此复杂的生态结构仅用了最近的两万年时间。树木开始迁移。尤其是红雪杉，踏上了通往北部土地的大路。

对于早期人类而言，这一生态转变成了远古时代的一个影像、一种记忆。相传，彼时渡鸦逃出黑暗，偷来日光，悬于天穹各处，化作月亮和星星。自然历史在神话中流传下来，公元前3000年左右，随着气候变化，红雪杉的分布范围扩大，催生了太平洋西北地区的伟大文明。

从一开始，红雪杉就是生命之树。它那柔软而坚韧的内层树皮为早期人类提供了用以编织衣服的绳索和纤维。木材经蒸煮可弯曲制成盒子，从而有效地储存食物。杉木还可打造装甲和武器，削成的木板可以建房子，开凿的独木舟可用于出行、捕鱼和打猎。它还为艺术家们雕刻徽章提供了实物样板，这些雕刻，或形塑梦想，或歌颂家族，或追忆远古，向一代又一代来者展现了逝者的记忆。

有红雪杉作为这一文化的物质基础，加之鲑鱼和其他海洋资源提供的饮食支柱，航海者们在缺乏农业收益的情况下锻造出有史以来最复杂的文明。尽管生活在永久定居点，在一个有平民、奴隶、巫师和贵族精英的等级分明的社会中，这些人仍然是探索者，是浩瀚海洋中的流浪者，是生活与荒野息息相关的狩猎者。

不像许多民族臣服于树种崇拜，大西洋西北部海岸的各民族信奉动物的力量，接受魔法的存在，并承认精神的潜力。物质世界所展现的不过是现实的一面。它背后存在着一个充满意义的精神世界，一个经由

第2—3页图：仰望星河的猴面包树，拍摄于津巴布韦，马纳潭国家公园

第4页图：从海岸山脉看北美红杉林与太平洋，拍摄于美国，加利福尼亚州，普雷里克里克红木州立公园

第6—7页图：北美红杉林，拍摄于美国，加利福尼亚州，雷德伍德国家公园

第8页图：落叶寒霜，拍摄于美国，科罗拉多州

第10—11页图：大叶槭林中的拉图雷勒瀑布，拍摄于美国，俄勒冈州，哥伦比亚河谷的盖伊·W. 塔尔博特州立公园

蜕变到达的地方，一条为萨满所熟知、在盛大的冬日巫舞和庆典仪式上被再次打开的通道。

依赖自然为生，却缺乏主宰自然的技术，人们只得时刻留意自然界的种种迹象。山川、河流、森林，在他们看来，并非上演人类戏剧的舞台上无生命的道具。对这些社会而言，土地是有生命的，是充满活力的，是可以被人类的想象力接受和转化的。在某种绝对意义上，这是否真实并不重要，重要的是这种信念如何影响人们的日常生活。一个从小尊重森林、将森林看作灵魂之栖所的海达人，和一个从小被灌输“森林就是用来砍伐的”这类想法的孩子，他们长大后是截然不同的。

我的这段经历恰也符合我的好朋友阿特·沃尔夫这本精美新书的主题。以我难以企及的优雅和雄辩，阿特从视觉角度探索了不同时间不同地点的人们表达对树的崇敬的不同方式。这崇敬之情虽根植于对树的喜爱和怀旧，归根到底却是受地球素有的神秘感启发，这种神圣之感在世界各地的非工业社会中时有发现。纵观世界民族志的谱系，无论在神话、传说还是宗教信仰中，树木都被赋予了神秘的力量或属性。在一些传统中，它们是有灵性的存在。在另一些中，它们是圣人的居所。更多的是，它们为精神启示和仪式转换提供了圣洁的环境。

在海地，伏都教信徒绕着马坡树的树干跳舞，被神明附体的他们呈现出灵魂界域的力量，能够手握燃烧的煤炭而毫发无伤，这一令人惊叹的例子证明了精神对肉体的影响力。在非洲西部的盖恩部落（Guen），一年一度的埃佩-埃克佩（Epe-Ekpe）仪式上，祭司们走进一片生长着发光树木的禁林，带回一块圣石。如果石头是蓝色或白色，他们就欢欣鼓舞，因为红色和黑色预示着饥荒、疾病和干旱。而好消息一经公布，成千上万的男男女女便兴高采烈地转起圈来，直到转得头晕目眩。

耶稣诞生前6世纪，在尼泊尔的山脚下，一位名叫悉达多的年轻王子迫切地想要了解为什么这个世界上充满了贫穷、贪婪与悲伤。他来到菩提伽耶，坐在一棵菩提树（*Ficus religiosa*）繁茂的枝叶下，发誓不撕开所有无知的面纱，不达到我们后来说的觉悟的境界，就绝不起身。坐在菩提树下，悉达多回想起年轻时所见的种种，那时的人，和今日一样，妄图通过名望、金钱和性欲寻求幸福，结果往往大失所望。通过俗世的追求寻求幸福永远无法获得内心真正的宁静。正如佛陀所言，它无异于涸泽而渔，注定无望。

在许多传统里，树本身就是神圣之本。在北欧、波罗的海以及斯拉夫的神话中，橡树与雷神相关联。有趣的是，相比其他高度、大小相当的树种，橡树更易遭遇电击，这或许是探知它们内在力量的一条线索。

古代爱尔兰人用桤木诊断疾病。不列颠群岛外围地区的人们将普通楞树的果实用于占卜，楞树能驱赶精灵，树液味涩，能保护孩童免受疣、佝偻病和巫术的侵害。

如果，有那么一刻，你觉得我们的惊叹感已荡然无存，只消想一想这本美丽图书中的照片。追忆那棵苹果树对于你的意义，或是某个遥远的夏日，惊雷劈裂苍穹之时，那棵橡树如何以枝干庇护你。回想所有你小时候幻想过的精灵、鬼怪、幽灵与仙女。想象印度教、佛教和耆那教神话中的空行母和众女神，以及赋予她们生命的圣树。追想玛雅人虔诚的祈祷和希冀，他们将木棉奉为世界之树，无比神圣，以至后来的文明无一敢对它施加伤害。抑或只需唤起你对圣诞夜最深刻的记忆——当那棵云杉，或冷杉，再或是松树枝头上的灯光如夜晚的钻石般璀璨，屋内仿佛来自夜空的星光点亮你的梦想，而你躺在地板上，仰望着装饰树梢的小天使。

基督徒将十字架视作生命之树。佛陀在菩提树下悟到了生命的真谛。中国人在桃树枝头目睹了龙凤呈祥。这棵孤独的桃树，3000年一结果，有幸品尝其花蜜的人都能获得永生（应指传说中的蟠桃树。——编者注）。

如果我们不把树木单纯地看作纤维与木材这些固然重要的基础资源，而是将其视为推动我们生活发展的生命实体、灵感来源和隐喻象征，那么，或许多年前我在伐木场目睹的一切就会显露出它们的本来面目：对地球本质乃至对人类本质的一场盲目而又暴力的侵袭。

韦德·戴维斯

树的王国

很久以前，一个名叫伊索的希腊奴隶讲过这样一个故事：一只乌鸦坐在无花果树枝头，等待果子成熟。他日复一日地坐在那儿。一只路过的狐狸对他说："过多的希望只会叫你失望，况且希望又当不了果子吃。"

若希望不足以果腹，树木可以。我们生活在一个有水，有岩石，有蓝天的世界，这个世界里还有树木，它们储藏大量的阳光和能量，以各种各样的方式供应给我们。它们过滤水，清除空气中的有毒物质，使地球变得宜居——地球上45%的碳排放都在森林中得到净化。它们生产水果，提供燃料、庇护所，甚至衣服。在两极间的不论什么地方，你都能发现我们赖以生存的树木，尽管作为地球上的物种之一，我们并未向它们致以应有的敬意。

大多数人认为，树的祖先在很久以前——至少四亿年前——就出现了。这些植物急需解决一个工程难题：它们必须伸向天空以争取阳光，而且必须为树干和树叶提供充足的水分和营养，这样它们才能不断生长而不致倒下。因而，经过数百万年的进化和变迁，一些物种消失了，新的物种形成了。从森林的高处看，你会发现，在岩石、土壤、水、微生物、藻类、真菌和高大植物的交汇处，一个复杂而又完整的生态系统承载着各种各样的生命。树木开辟出一条和谐共生之道，树枝和树叶间留有空隙，阳光得以透过枝叶，抵达下层的树木和植物，这一现象从其名称"树冠羞避"中便可了解一二。正如德国博物学家彼得·沃莱本所言："作为一个护林人，我了解到树木之间是竞争关系，它们彼此争夺阳光和空间，而一旦置身森林，我所看到的恰恰相反。树木非常乐意让群落中的每个成员都生存下来。"

试想：在那些远古岁月里，我们的星球上铺满了树木，然而它们只有几英尺（1英尺≈0.3米。——编者注）高。奇怪的是，真正的巨人是真菌，巨大的蘑菇参天耸立，高达二十几英尺。随着时间的推移，沧海桑田，规则也逐渐逆转。真菌和树木在横扫许多远古动物的大灭绝中幸存下来，结成一个卓有成效的伟

第14—15页图：长寿松与银河，拍摄于美国，加利福尼亚州，怀特山，古狐尾松森林

上图：乡间小路旁的地中海柏木与意大利松，拍摄于意大利，托斯卡纳，瓦尔德·奥尔恰

对页图：地中海柏木，拍摄于意大利，托斯卡纳

大联盟，一直延续至今。至于地底和树皮下的那张伟大的生命之网是如何运作的，我们所知甚少。不过，这也情有可原，地球上有6万多种树木，而已知的真菌何止500万种。虽然真菌创造的财富远非美元、欧元或日元可以衡量，它们的一些运作方式却躲过了人类窥探的双眼。

我们知道，由于人类的移植，许多种属的树木在世界各地都能找到。我家花园里就有来自各大洲的树木，其中有地中海东部偏远山区的意大利柏木；有南北美洲的牧豆树；两棵棕榈树，同是7000万年前首次出现的远古先祖的后代，一棵来自北非，另一棵则来自亚利桑那州附近的狭缝峡谷。世界上树种最丰富的国家有巴西、哥伦比亚和印度尼西亚，这些热带地区降水充沛，气候温和，植物生长迅速，但同时这里反对森林砍伐和环境恶化的斗争也最为激烈。令人惊讶的是，全球约有60%的树种只在一个国家出现，这表明，“放眼全球，立足本地”的训诫确有其现实根基。

人们一直在思索他们在自己那方土地上遇到的树木。例如，北半球的云杉深受多种林地动物喜爱，而日本北部土著阿伊努人讲述了这样一个关于云杉的故事：在他们居住的潮湿的北方森林中，死去或垂死的云杉那腐烂的枝条因其功劳而获得恩典，得以转化成名叫“payep kamui”或“神行者”的熊。传统的阿伊努人说，在过去，这样的熊更多，因为来到这里的非阿伊努人往往不会给予这些熊应有的尊重。阿伊努人禁止自己的族人杀害那些熊，因而将恩典传承至新的领域。其间的逻辑不言而喻：杀死一头熊或是一棵树，你就同时杀死了这个世界的一部分和你自己的一部分。

许多古老的欧洲文化崇拜橡树。凯尔特语中有祭司“德鲁伊”（druid）一词，意为“了解橡树的人”。希腊人知道橡树是天空之神宙斯的圣物，因此在神庙里种植并小心呵护神谕般的橡树，并用它们预测未

上图：墓园中的牧豆树，拍摄于墨西哥，米却肯州，帕兹卡洛

对页图：巡视冷杉、云杉与雪松林的乌鸦，拍摄于美国，阿拉斯加州，冰川湾国家公园和自然保护区

来。罗马皇帝头戴橡树叶冠，现代美国士兵在战场上也会以橡树叶标志来识别身份。橡树还是英国的国树，好比枫树是加拿大的国树，银杏是中国的国树一样。

我们了解许多关于树的知识，比如说树木是一大工程奇迹。试想水分从树叶输送到树枝到树干再到树根，如此循环，这天衣无缝的过程，只有现代的人类活动才能阻止。正如戴维·乔治·哈斯凯尔在他的杰作《看不见的森林》中所言："树木的输水系统异常高效，它们巧借太阳的力量通过它们的树干输送水分，自身不损耗任何能量。人类若想设计出机械装置，将数百加仑的水从树根输送到树冠，那森林将沦为轰隆嘈杂的水泵，油烟肆虐，电线纵横。进化的经济过于紧张节俭，容不得如此挥霍浪费，因而水在树木间流动时，既安静又轻松。"

诚然，想从树木中获取事实或隐喻的灵感，不一定要像达·芬奇般天赋异禀。我们将自己视作家族树上的一个茎节，我们探求的学科是知识之树的一部分，我们认为过往的罪过与生命之树相关，而古老的愿望与永生之树相关。

正如伟大的人类学家克洛德·列维-斯特劳斯所言，我们把树木看作"思想的伴侣"，而证据恰是我们讲述的关于树的故事。我们今天仍然举办的不少仪式、庆典和纪念活动都源自很早很早以前的树木崇拜。其中之一就是西班牙拉曼查地区（正是思想传统的堂吉诃德的故乡）的人们对栓皮栎木的珍视和尊重。他们只从25年树龄的栎木上剥取树皮，而后每隔10年才会收割一次，用的是祖祖辈辈代代相传的小斧子。或许我们会惊讶，当一门语言、一个民族聚居地或是一种文化消失时，相应的生态系统往往也会消失，因为这些东西需要时间、关注与深厚的地方知识。

另一方面，保护一棵树，我们也保护了一段特定的历史，并帮助把它传递到未来。有一次，我在一片堆满了树的地方闲逛，这些树种在黑色塑料桶里，显得孤独又脆弱，其中特别的一棵，靠在一边，似乎在呼唤我。那是一棵小无花果树，18世纪时，它的先祖由方济各会传教士从地中海沿岸带回大西洋彼岸。1768年，最初的一棵被种在圣迭戈修道院，位于加利福尼亚州的圣迭戈，这里的气候同它们的原生长地接近。我把这棵无花果树带回家时，它还很小，不过是一根带着几片绿叶的小树枝。移植到大盆里6个月后，它的高度超过1.2米，结实健壮，枝繁叶茂，笼罩着大花盆。冬天过后，待长得稍大些，我把它种到花园里，让它享受亚利桑那州南部温暖的气候，当然同地中海自是比不得。种植那棵树一直是一场关乎希望与

上图：橡树，拍摄于美国，加利福尼亚州，索诺马县

对页图：巨杉，拍摄于美国，加利福尼亚州，约塞米蒂国家公园

信仰的体验，无疑，这也正是圣迭戈修道院的教士所期望的。尽管这里的环境有时很严峻，我还是希望未来几年里，它会开花结果，创造绿荫。

在接下来的照片和文字里，我们将继续探讨其中的一些思考，聆听人们讲述的关于许多树种的故事。故事里，它们是世间之美的奇迹，是启迪我们天性中的良善的灵感，是大自然的慷慨和智慧的典范。

我们与树木有亲缘关系。的确，所有生物都拥有基本相同的化学成分，因而科学家们假定“最后的普遍共同祖先”（Last Universal Common Ancestor，简称LUCA）的存在，他生活在38亿~35亿年前。如果我们是星尘，那我们也是树皮、树叶和树枝。换言之，岩石是无机物，因此按照我们的标准，它没有生命，但岩石风化形成土壤，土壤不仅是有生命的，还是其他陆生生命所必需的物质。土壤产生树木，树木又转化为土壤，在地质时期，还能转化为石油。这是一条永恒的纽带，为此，想到科学家们说的所有陆生生命生活的“临界区域”范围仅仅从最高的树梢延伸至基岩，上下区区152米，我感到既羞愧又不安。作为公认的自然守护者，我们对这小小的责任之窗的管理有多么玩忽职守，我们对传统的迪纳人或纳瓦霍人“当树木死亡，人们将步其后尘”的箴言是多么充耳不闻，一想到这些，我又十分气恼。

“你只需对它们稍加关注，便可长久受益无穷”，诗人W. S. 默温曾说。默温的众多成就之一，便是在他居住的夏威夷小岛上种植了数千棵棕榈树。“落在树叶上的雨滴与后来跌入地下的水滴是不同的。其间有许许多多我们不理解也不必理解的东西。它无关理解，只关乎我们的一生，我们唯一的一生。”

我们唯一的一生。是啊。我们生活在一个树的世界，一个水、岩石与蓝天的世界，一个符号与文字的世界。自人类在这颗星球上生活以来，我们就一直在讲述我们的居所和家乡的故事，因此我们也在讲述树的故事。通过照片与文字，你手里捧着的这本书歌颂了所有这些东西：树，它们的伟岸与本真，它们的美，以及它们所催生的美。

上图：针叶尖雨滴中的风景，拍摄于美国，蒙大拿州，冰川国家公园

对页图：棕榈树，拍摄于巴拿马，博卡斯-德尔托罗群岛

第24—25页图：迷雾森林，拍摄于坦桑尼亚，乞力马扎罗山

非　洲

金合欢树：永恒之树

金合欢树（*Acacia nilotica*）在埃及神话中扮演了一个独特的角色。作为原始女神尤萨阿塞特的圣树，金合欢对其他众神而言也弥足珍贵，尤其是太阳神拉。拉是“金合欢之王”，他从树中汲取神力，击退邪恶，照亮大地。每天，拉都会驾着一叶用棕榈树和金合欢树打造的小舟，这两种树也因此成为神圣的象征。不过，金合欢树早于棕榈树出现。埃及象形文字清楚地记载，众神诞生于金合欢树葱郁的树冠之下。

据《亡灵书》记载，生者逝世之时，亡灵前往金合欢树下，接受灵药以治愈在世时遭受的诸多病痛。活着的人则把金合欢树胶——也叫阿拉伯树胶——敷于瘀青或伤口处。古罗马博物学家普林尼曾说，这种树的自愈能力极强，能够自我再生。砍掉圣城底比斯附近的一棵金合欢，不出三年，它又会长成一棵大树，枝繁叶茂，尖刺林林。

作为影响生前与死后的圣树，金合欢继续在许多非洲人的传统信仰中占据着一席之地。甚至传说，这种树拥有某种自我意识。每逢干旱时节，当长颈鹿和其他四足动物啃食它的叶片时，它会减少单宁酸的分泌，因为过多的单宁酸对许多生物来说是有毒的。反过来，那些动物也意识到金合欢树正向它们传递一个信号：它似乎在说，选择生存，或选择死亡。

第26—27页图：日落黄昏里的金合欢，拍摄于肯尼亚，马赛马拉国家保护区

上图：星迹下的骆驼刺（金合欢属），拍摄于纳米比亚，纳米布-诺克卢福国家公园

对页图：金合欢树，拍摄于肯尼亚，马赛马拉国家保护区

对页图：沙浪尖的骆驼刺（麟刺金合欢），拍摄于纳米比亚，纳米布-诺克卢福国家公园

第31—35页图：钙化的骆驼刺，拍摄于纳米比亚，纳米布-诺克卢福国家公园，死亡谷

第36页图：星空下钙化的骆驼刺，拍摄于纳米比亚，纳米布-诺克卢福国家公园，死亡谷

乞力马扎罗山下的伞刺金合欢，拍摄于肯尼亚，安波塞利国家公园

上图：金合欢草原，拍摄于肯尼亚，安波塞利国家公园

对页图：坐在孤独的金合欢树下的保安，拍摄于马里，阿拉万

第40页图：伞刺金合欢，拍摄于肯尼亚，桑布鲁国家保护区

第41页上图：发烧树上悬着的传统圆柱形蜂箱，拍摄于肯尼亚，姆帕拉自然保护中心

第41页下图：伞刺金合欢林，拍摄于坦桑尼亚，塔兰吉雷国家公园

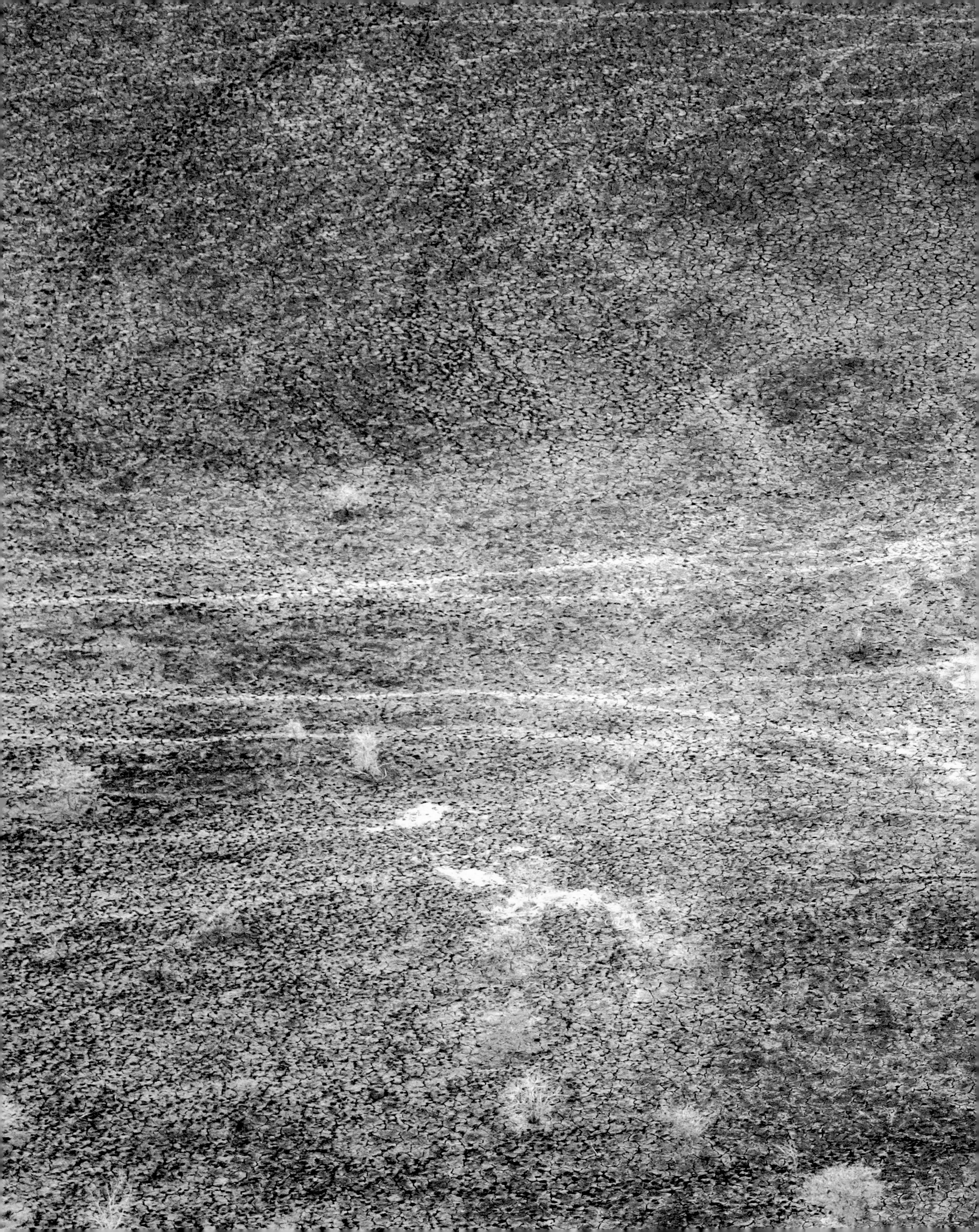

第42—43页图：孤独的金合欢树，拍摄于乍得，扎库玛国家公园

第44—45页图：风中的木麻黄，拍摄于毛里求斯

上图：华烛麒麟与金合欢，拍摄于坦桑尼亚，塞伦盖蒂国家公园

对页图：箭袋树（二歧芦荟）梢头的新月，拍摄于纳米比亚，科克尔布姆森林保护区

马鲁拉树：醉酒的大象与其他寓言

非洲东南部和南部的马鲁拉树（*Sclerocarya birrea*），是杧果和开心果树的表亲。这种落叶树体形优美，树冠蔓延，结出的果实鲜美可口，果核硕大。那约莫李子大小的果子，口味酸甜，颇似柑橘，自古以来就受到当地土著的喜爱。在津巴布韦的一个1万多年前的史前洞穴遗址中，考古学家发现了遗存的近2500万颗马鲁拉果，这些果实采摘自广阔的周边地区。

非洲南部卡拉哈里沙漠地区的原住民桑人将马鲁拉树和大象紧紧联系在一起。据说，有一年干旱肆虐，野兔把自己的水和食物分给大象，大象为报答野兔的善心，将它部落中的一根象牙送给野兔，野兔将这象牙种在花园里，浇了点水，象牙变成了一棵马鲁拉树。故事里还说，正是由于这个原因，直到今天，大象依然十分喜爱马鲁拉果，甚至远道而来，只为在树林饱餐一顿。

一头大象在一个季节里能吃掉成百上千磅（1磅≈0.45千克。——编者注）的马鲁拉果。这一喜好也引来了千奇百怪的猜测，人们认为大象寻觅半发酵的水果，为的是享受那片刻的微醺。南非导演加美·尤伊斯别出心裁地将这一场景拍摄到1974年的纪录片《可爱的动物》中，影片记录了大象、猴子，还有草原上的其他小动物吃下阳光发酵后的马鲁拉果，从而欢快醉酒的画面。不过，据科学家们计算，大象必须一口气吃掉1400个发酵的果实才会醉酒，这相当于喝掉7加仑的果汁。因此这种情况发生的可能性微乎其微，但这丝毫不妨碍夸夸其谈的人们继续讲述大象醉酒的古老故事。

非同寻常的是，马鲁拉树是分性别的，即雌雄异株。南非一些传统民族认为喝下雄树树皮熬煮的汤能生男孩，喝下雌树树皮熬煮的汤则生女孩。喝雄树树皮汤降生的女孩，或者喝雌树树皮汤降生的男孩，在他们看来，拥有强大的魔法，因为他们成功地抵抗了灵魂的力量。

左图：躲在巨石和马鲁拉树间的迪克-迪克羚，
拍摄于南非，马拉马拉野生动物保护区

猴面包树：倒栽树

猴面包树共有九种。这种生长于澳大利亚和南非低地的外形奇特的巨树有一个绰号叫“倒栽树”。那粗短的枝条，看起来活像它的块根，只不过它们不扎入地下而是伸向空中。这九种树的树名中都带有“baobab”一词，这个名字源于阿拉伯语中的“buhabib”，意为“种子之父”。

这倒也名副其实，猴面包树有着维生素含量惊人、营养尤其丰富的果实，为许多植物和蝙蝠、猴子、大象等动物提供了食物和栖身之所。人类也喜爱这种植物，吃果实、煮树叶，还用树皮酿造烈性酒精饮料。在南非桑人的故事中，猴面包树浑身是宝，正是得益于造物之神卡尼的慷慨。卡尼不喜欢它那滑稽荒诞的外形，把它从诸天丢落人间，掉在地上时，正好头朝下，可它却就此扎根发芽，茁壮成长。桑人说，猴面包树慷慨大方，任何胆敢伤害它的人都会被它在人间的守护神狮子撕个粉碎。相应地，以猴面包花泡茶据说可以保护人们免受狮子、蛇和鳄鱼的攻击。在这个危机四伏的地方，这不失为一剂护身良方。

民俗学家威廉·布勒克还收录了桑人的一个关于猴面包树的动人故事：一个年轻女子在小屋里休息，她累了，身体有些不适。雨神来向她求爱，让小屋弥漫着雨香，屋子即刻变得雾蒙蒙的。年轻女子躺在那儿，嗅着雨的芬芳，因为她的小屋里充满了雨神的气息。

上图：猴面包树，拍摄于博茨瓦纳，马卡迪卡迪盐沼国家公园

对页图：黄昏里的猴面包树，拍摄于津巴布韦，马纳潭国家公园

那女子终于注意到了他。雨神垂下自己纤云状的尾巴。女子惊呼："这个腾云而来的男子会是谁呢？"

她起身，将一朵野玫瑰按在他的额头上，推开他，用皮革斗篷裹紧自己。

接着，她攀到雨神背上，雨神把她带走了。他背着她穿过天空，她望着底下的树木。走着走着，她对雨神说："你必须到那棵树那边去，那棵大树，把我放在树下。"雨神径直将她带到树旁，那是一棵猴面包树。他让她靠着树干坐下。女子望着他，笑着拿出一朵野玫瑰，在雨神身上搽了搽。野玫瑰麻醉了他，他渐渐睡着了。

女子见雨神睡着，便逃回家中。天气转凉，雨神醒了，他起身，醒了醒神，以为女子依旧在他背上，便飞回泉水中央的家中。

而此时年轻女子正在家中焚烧野玫瑰，为自己熏香，以盖住猴面包树的气味，希望就此躲过雨神的报复。

当雨神发现女子早已离开，他便远离她的村庄，桑人的村落从此沦为一片荒漠。幸运的是，那棵保护了女孩的猴面包树没有抱怨，只需要一点点水，它就能茁壮成长，并为其他生物提供食物。

上图、右图：本斯树林中的猴面包树，拍摄于博茨瓦纳，纳塞盐沼国家公园

第54—55页图：大猴面包树，拍摄于马达加斯加，梅纳贝

第56页图：象蹄树（*Pachypodium rosulatum*），拍摄于马达加斯加

第57页上图和下图：马达加斯加亚龙木，拍摄于马达加斯加

上图：猴面包树小道，拍摄于马达加斯加

对页图：银河下的大猴面包树，拍摄于马达加斯加

第60—61页图：环荚合欢林，拍摄于津巴布韦，马纳潭国家公园

顶图：箭袋树（树芦荟），拍摄于纳米比亚，卡拉斯区

上图和对页图：大箭袋树（*Aloidendron pillansi*），拍摄于纳米比亚，纳米布-诺克卢福国家公园

第64—65页图：烟斗石南，拍摄于埃塞俄比亚，瑟门山国家公园

上图：被开花藤蔓缠绕的小树，拍摄于津巴布韦，马纳潭国家公园

对页图：猴面包树，拍摄于津巴布韦，马纳潭国家公园

顶图：热带雨林，拍摄于乌干达，布温迪国家公园

上图：在吊灯树下觅食的黑斑羚，拍摄于坦桑尼亚，卡塔维国家公园

对页图：吊灯树的果实，拍摄于坦桑尼亚，卡塔维国家公园

第70—71页图：金合欢林，拍摄于坦桑尼亚，卡塔维国家公园

第72—73页图：金合欢树上的花豹，拍摄于博茨瓦纳，乔贝国家公园

亚洲

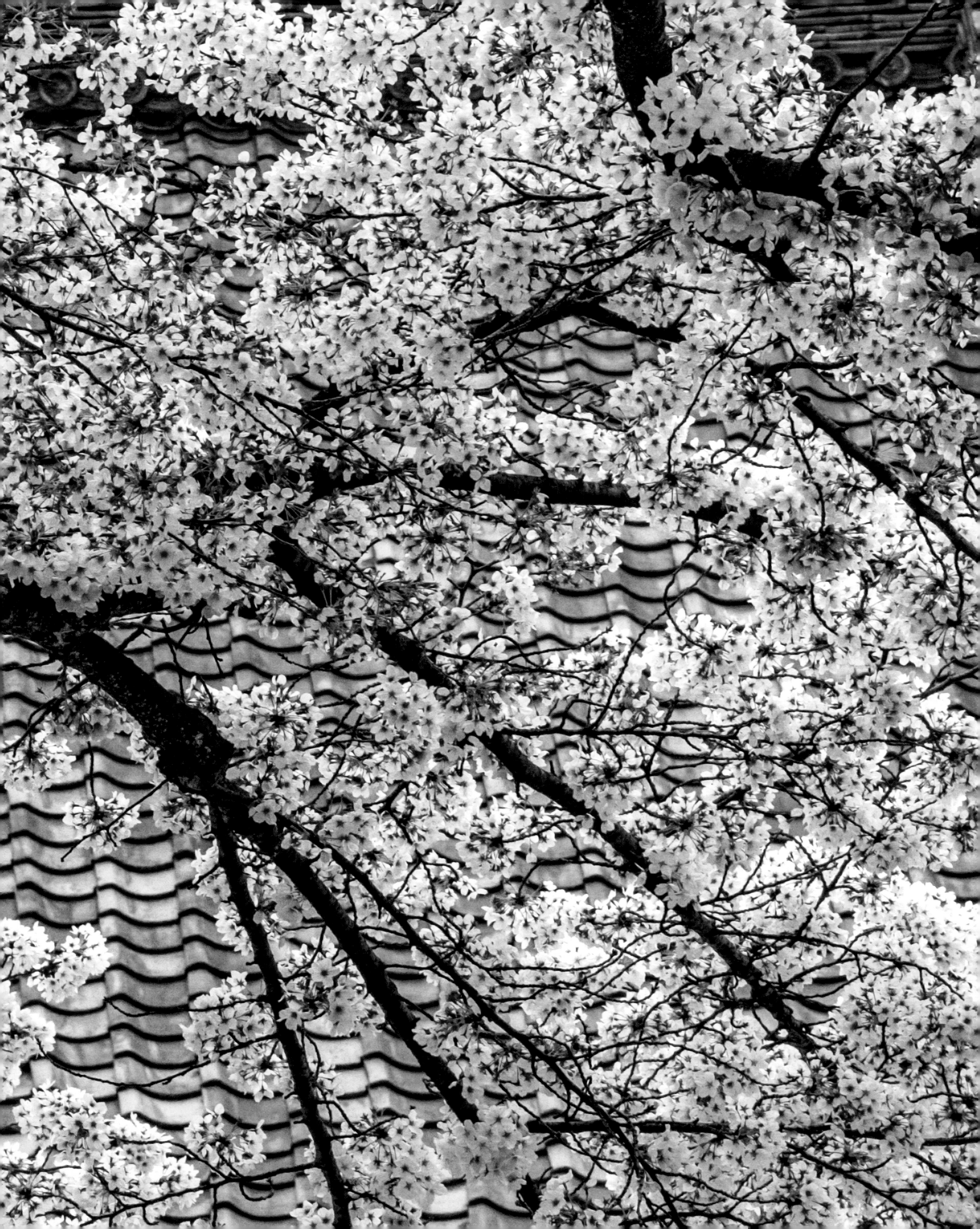

樱花：精致的美

没有什么迹象比华盛顿特区国家广场上盛放的山樱花（*Prunus serrulata*）更能体现美国东岸的春天到来了。在4月初，那儿通常会有约3750棵樱花树一齐绽放，粉色、白色、紫色、浅紫色，甚是壮观，明亮的色彩标志着东部灰色的冬天结束了。

有时花期早在3月15日就到了，有时则推迟至4月份，例如1958年，异常寒冷，盛花期一直到4月18日才来。受雇于联邦政府的植物学家通过研究冬天的数据缩短时间范围，想方设法在月的基础上更精确地预测花期，然而即便如此，自然依旧我行我素，并不依随我们的兴致，科学家们也只能将预测时间精确到一周左右。

不论如何，一到那神奇的时刻，美国的首都就会簇拥在樱花温柔的色彩中，花朵在枝头流连数日，然后翩翩飘落到地上，给美国街道铺上一条芬芳四溢的落英华毯。最多的是粉色的吉野樱，华盛顿有近2800株。其他还有曙樱、薄墨樱、普贤象樱，都是日本品种，加起来数十株，最稀有的要数白普贤樱和才力樱，每种仅有一株。

不过，为什么是日本樱花呢？这里还有一段渊源。

樱是蔷薇的远缘杂交后代，同桃、李、杏、扁桃是表亲。樱原产于亚洲西部的高原地区，尤其是在今天土耳其的山区，濒临黑海，北靠格鲁吉亚。该地区的一个城镇，即现今的吉雷松市，有幸成为樱的诞生地。该市的古名克拉索斯（Kerasos）代表的正是樱树和樱桃。不过究竟是先有地名后有花名，还是先有花名后有地名还未可知。

第74—75页图：吉野山上盛开的樱花（李属），拍摄于日本，奈良

上图：蓝天映衬下的粉色樱花，拍摄于日本，京都

对页图：樱花与神社屋顶，拍摄于日本，京都

樱从它的故乡传往其他土地。公元前300年，种植于希腊时，诗人、哲学家们赞颂它的美丽与果子的可口。不久后，罗马人也享用上了。400年后，博物学家老普林尼记载了至少8种意大利当时种植的樱桃树。罗马人走到哪里，便把它种到哪里，远至现在的英格兰——1500年后，樱从这里传到北美。

樱还传到了东方。它们从小亚细亚半岛沿着丝绸之路传入中国，约2000年前，又从中国传往日本。精通园林和园艺理论的日本人特别珍视这一新物种，几个世纪以来，岛上的守园人和植物学家培育了数百个新品种，丰富了世界樱桃物种宝库。目前，世界上约有900种甜樱桃和300种它们的表亲——酸樱桃。

除了培育出这数百种樱桃以外，日本人还形成了一套关于樱的强烈的哲学信仰。生命转瞬即逝，而樱花正是这一生命本质熨帖而又苦涩的提醒，仿佛在说，“我们在美中绽放，而后告别离去”。日本各岛上的村庄、城镇长久以来一直举行“樱花祭”或赏樱节来庆祝樱花的盛开。夜晚，他们用灯光点亮樱花树，在花间设宴欢饮，翩翩起舞。

一个半世纪以前，西方人陆续登上此前一直禁访的日本，或旅游，或定居，因而也得以邂逅樱花祭和其他形形色色围绕樱花树的庆祝活动。他们当中有位名叫伊丽莎·西德莫尔的摄影师兼作家，是美国国家地理学会的第一位女董事。深为日本风物着迷的她，时不时就要去探看她在东京的外交官哥哥。1885年，她怀揣着在整个首都种满日本樱花的渴望，回到华盛顿的家中。北美有数百个樱桃品种，西德莫尔为何独独钟情于日本樱花仍旧是个谜，不过她为此苦苦游说了二十多年。其中一位有心的听众是大卫·费尔柴尔德，时为美国农业部的植物学家。他在马里兰州切维蔡斯的家中种植了一小片日本樱花树，想看看背井离乡的日本樱花在这里的生长情况。

另一位为西德莫尔的想法所吸引的华盛顿人是海伦·赫伦·塔夫脱，她是威廉·霍华德·塔夫脱总统的夫人，年少时曾在日本生活。1909年4月，她写信给西德莫尔，说自己向丈夫提及此事，并获得他的批准，计划“造一条樱花大道，一直延伸至道路转角”，那条当时尚在修建的路就在今日的潮汐湖畔，靠近罗斯福纪念堂和杰斐逊纪念堂。

西德莫尔收到信的第二天，日本领事访问白宫，同行的还有一位名叫高峰让吉的科学家。当塔夫脱夫人谈及她的计划时，高峰让吉主动提出愿意帮忙从日本获取樱花树。

他说到做到。1910年12月，东京市赠送的2000棵樱花树抵达西雅图，经由铁路运送到华盛顿。然而检疫时发现这些树上到处是昆虫和线虫，很可能是运输途中染上的，当局不得不下令烧毁这些树木。这一烧很可能引发一场外交事故，幸运的是东京市长慷慨地表示愿意重新寄送一批。

1912年3月下旬，3000多棵装在密封舱里的日本樱花树漂洋过海抵达华盛顿。迅速移植后，树木茁壮成长。大萧条那几年，一些富有公德心的华盛顿人提议，让市里主办一个像日本“花见会”一样的樱花节。1935年，华盛顿庆祝了首个赏樱节。之后，哪怕二战爆发也没能削弱华盛顿人对这美丽花朵的热情，只不过战争期间，这些树木被称作东方樱花而非日本樱花。战后，时局转好，华盛顿人用自己的樱花树帮助东京重建被炸弹摧毁的树林。如今，华盛顿的街道上，远离故乡的日本樱花正与美国樱花争奇斗艳，为世界增姿添色的佳话在这里得到了最恰当的诠释。

顶图：吉野山上盛开的樱花，拍摄于日本，奈良

上图：开花的果树，拍摄于不丹

第83—84页图：樱花与杜鹃，拍摄于日本，京都

吉野山上盛开的樱花，拍摄于日本，奈良

上图：日本枫树（鸡爪槭），拍摄于日本，本州，富士山

第86—87页图：杜鹃花森林，拍摄于不丹

第88—89页图：冬景，拍摄于日本，北海道

顶图：黄山松，拍摄于中国，安徽

上图：雾中的棉白杨（杨属），拍摄于中国，新疆

右图：日本桤木，拍摄于日本，本州，琵琶湖

第92—93页图：日本枫树，拍摄于日本，本州，山内

顶图：冰雪覆盖的赤松林，拍摄于日本，本州，长野县

上图：寺庙墙外的落叶木，拍摄于日本，本州，山内

左图：风雪中的赤松，拍摄于日本，本州，妻笼宿

第96—97页图：日本桤木，拍摄于日本，本州，琵琶湖

顶图：黄山松，拍摄于中国，安徽，黄山

中图、上图：花岗石尖岩上的黄山松，拍摄于中国，安徽，黄山

对页图：雾中的尖岩与黄山松，拍摄于中国，安徽，黄山

第100—101页图：松林中独行的人，拍摄于中国，安徽

顶图、中图、上图及右图：棉白杨，拍摄于蒙古，阿尔泰山

第104—105页图：棉白杨，拍摄于蒙古，阿尔泰山

第106—107页图：雨林中的光西瀑布，拍摄于老挝，琅勃拉邦

上图：紫矿上觅食的长尾叶猴，拍摄于印度，拉贾斯坦邦，贾瓦伊

对页图：盛开的森林之火（紫矿），拍摄于印度，班德哈瓦国家公园

印楝：医药箱

在印度传统中，楝树（*Azadirachta indica*）被认为是最尊贵的药用树木，是女神迦梨的化身。经文中记载，提婆，即时常降临人间的天神，洒长生不老之甘露于地下，露水所及之处长出印度楝树，其名“Neem”源自梵语，意为“赐予健康者”。

最终，现代科学证实了那些古代经文上的说法。印楝集各种有益健康的功效于一身：树皮和果核中的化合物是天然的杀虫剂和肥料；几个世纪以来，楝树的不同部位一直被用作药物，以治疗各种自身免疫类疾病、糖尿病和疟疾。正因如此，南亚次大陆上下，每户传统村民家中都至少有一棵楝树，为所有需要帮助的人提供天然药房。

楝树不仅药用价值高，还在炎热天气中撑开浓浓的绿荫，供人们遮阴纳凉，前来避暑的还有鸟类、小型哺乳动物、蜜蜂等各种野生动物，唯独没有害虫。果实个小味甜，咀嚼后的树叶是天然的止痛剂，研磨成糊状，敷于房屋入口处，还可驱散毒蛇等不速之客。

总而言之，楝树药效显著，据说连太阳都敬它三分。两位印度贤者相互拜访，其中一人名唤巴斯卡拉·阿查里雅，是太阳的化身。黑夜来临，两人都尚未用餐，而在他们的信仰中，一个人只能白天进食，入夜后斋戒。巴斯卡拉·阿查里雅并没有中止他们的谈话，而是请求太阳在一棵楝树的枝头上停留数小时，不要落下地平线。太阳欣然遵从了。于是乎二位贤者得以悠闲地用餐，而从那以后，楝树便被誉为晨星的栖所。

上图：印楝下的牲畜贩子一家，拍摄于印度，拉贾斯坦邦，布什格尔

对页图：印楝下的茶园，拍摄于印度，喀拉拉邦

上图、对页图：云南铁杉，拍摄于不丹

乳香树：神圣的礼物

古时候，人们从阿拉伯湾沿岸（今天的也门、阿曼等地）进口这种名叫乳香的珍贵香料，并在地中海沿岸各港口买卖。树液或树脂状的乳香颜色不一，春季采集的色淡，夏秋采集的色深。

古埃及人用乳香净化神地。古代波斯医师则用它来减轻溃疡和癌症患者的痛苦。西方医生也未能免俗。示巴女王为与以色列所罗门王结秦晋之好，从也门家中带了乳香给他。当然，乳香也是东方三贤朝拜圣婴耶稣时所带的礼物之一。这一礼物得益于乳香属树木的慷慨和懂得该树价值之人的智慧。

上图：马达加斯加没药（*Commiphora madagascariensis*）剥落的树皮，拍摄于马达加斯加

对页图：蓝叶软木斛（*Commiphora glaucescens*），拍摄于纳米比亚，纳米布-诺克卢福公园

第116—117页图：刺梧桐（*Sterculia urens*），拍摄于印度，拉贾斯坦邦，伦滕波尔国家公园

榕树：商贾之树

大凡树木都有些稀奇古怪之处，不过，正如刘易斯·卡罗尔所言，最稀奇的莫过于榕树。榕树是无花果树家族的一员，种子依附于另一棵植物生根发芽。枝干紧紧缠绕于宿主身上，最终将其绞杀，绰号“绞杀榕”名副其实。

不过，榕树倒是不知者无罪。一旦宿主腐烂，缠绕的气生根间就会空出舒适的树洞，为各种野生动物提供宜居的窝。在印度炎热的天气里，人们也贪享那一树洞的阴凉。榕树这个名字“banyan”源于古吉拉特语的“banya”，意为“商贾”，商贩往来城镇间叫卖商品，常常在树洞内扎营，有时甚至会就地搭起小铺子。

成年孟加拉榕遮天蔽日，别说小商铺，就是小村庄也容纳得下。班加罗尔的一棵榕树占地超过1万平方米，而加尔各答附近的一棵，大小更是惊人，占地1.86万平方米。榕树非常受人尊敬，许多种族的印度人认为它配得上“国树”的荣誉。湿婆神也喜欢在榕树林间静坐（本书中还会讲到他也出没于红树林间），常有照顾他的贤哲圣人伴其左右。克利须那也好徜徉于榕树间，不时告诫世人，榕树的生长好似欲望吞噬个人，最终将其杀死。佛陀也曾于榕树的矮型近亲菩提树下静坐，在它葱郁的树荫下悟道。

关于这外形奇特的榕树，孟加拉人还有个颇有点荒诞离奇的故事。有一次，据说，一名贫穷的婆罗门接受了村长的挑战：他若敢在夜晚面对栖身榕树间的幽灵大军，就能获得一块免收租金的良田。他所要做的就是带回一根榕树枝条。村民告诫婆罗门，他自己会沦为鬼魂的，然而走投无路的他毅然前往。他躲在一株巨大的榕树旁边的一棵小树下，一个巨灵，或者叫“婆罗魔”（Brahmadaitya），前来问话，问他想要什么。婆罗门面不改色，彬彬有礼地同幽灵解释。巨灵呼求榕树间的幽灵放过这个可怜人——榕树幽灵们不仅一一遵从，还亲自递给他一根树枝，省得他费力气去剪。婆罗门手握树枝回到村中，村长纵然气不过，还是给了他一块地。榕树间的幽灵，因钦佩婆罗门的谦恭和勇气，一年来帮了他不少忙，助他发家致富。而巨灵完成了在人世间的忏悔，神亦赦免了他，允许他转世投胎。

上图：榕树，拍摄于印度，古吉拉特邦

对页图：热带雨林树木的板块根，拍摄于印度尼西亚，爪哇岛，乌戎库隆国家公园

第120—121页图：榕树的气生支柱根，拍摄于印度尼西亚，巴厘岛

第122页图：吞噬寺庙的绞杀榕，拍摄于柬埔寨，吴哥窟

第123页图：被绞杀榕缠绕的古寺中的僧侣，拍摄于柬埔寨，吴哥窟

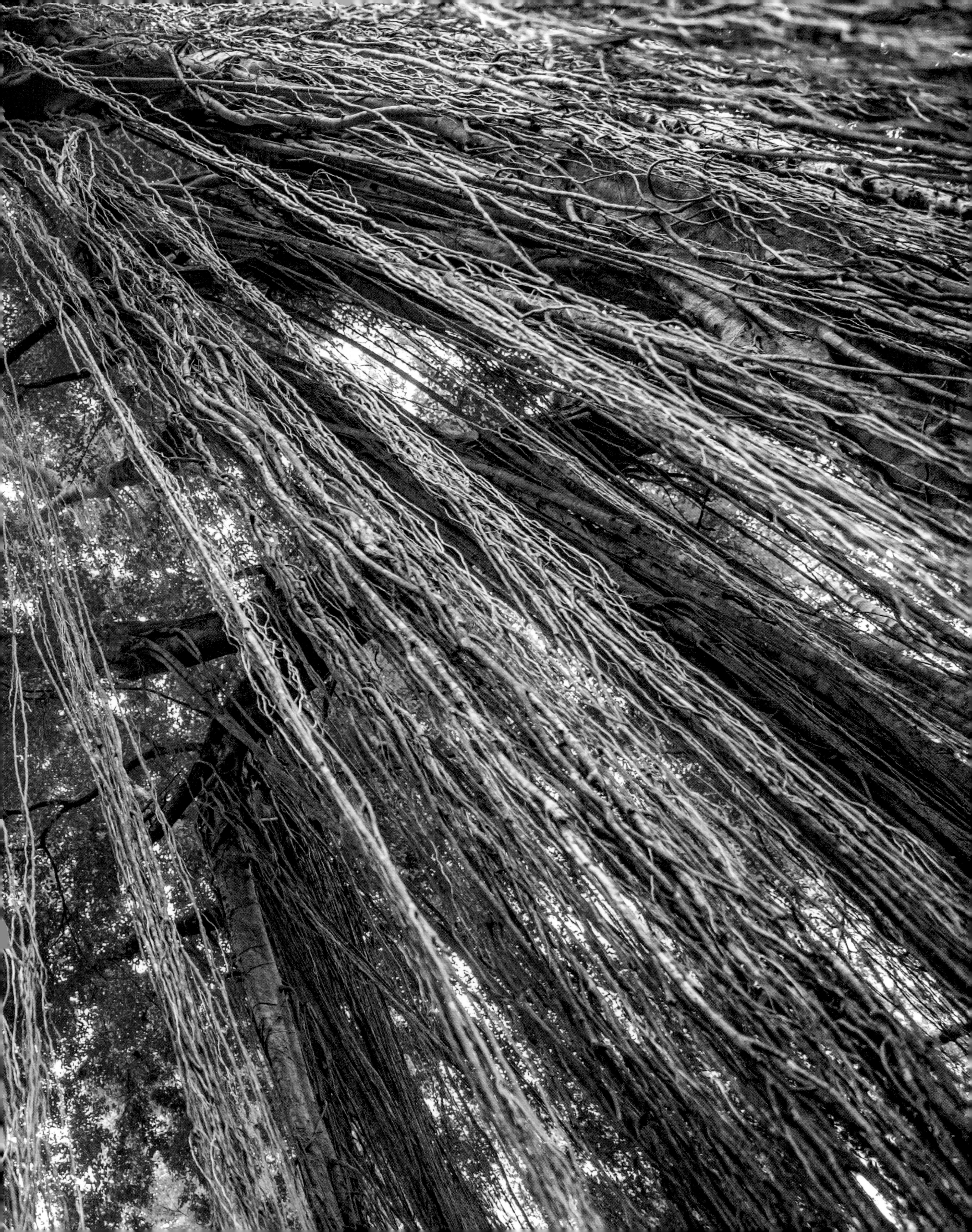

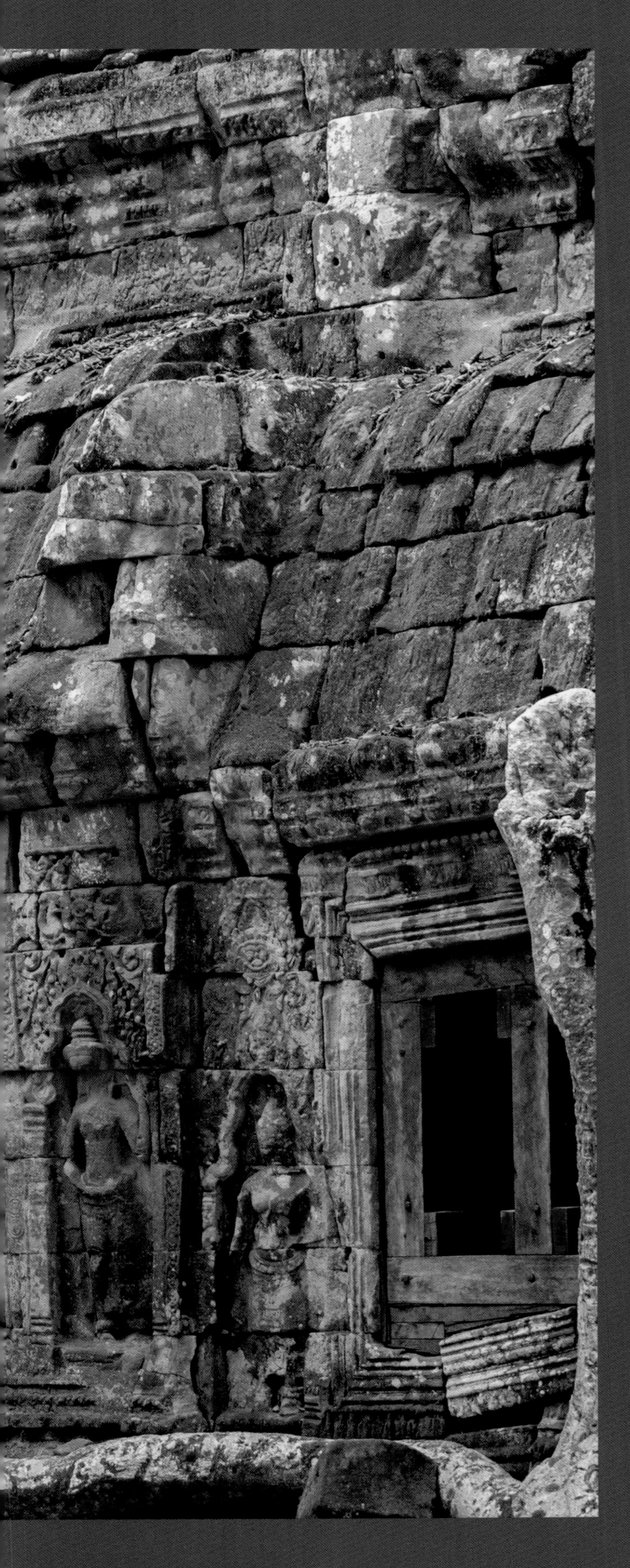

ဗောဓိညောင်ပင်
Bodhi | Tree

第124—125页图：榕树根系旁打坐的娑度（印度苦行僧），拍摄于印度，北方邦，阿拉哈巴德

顶图：榕树林，拍摄于印度，拉贾斯坦邦，伦滕波尔国家公园

上图：躲在榕树支柱根之间的白斑鹿，拍摄于印度，拉贾斯坦邦，伦滕波尔国家公园

对页图：菩提树，拍摄于缅甸，仰光

顶图：榕树中的黑叶猴，拍摄于印度，拉贾斯坦邦，伦滕波尔国家公园

上图：苏门答腊猩猩和它的宝宝，拍摄于印度尼西亚，苏门答腊岛，古农列尤择国家公园

左图：榕树中的佛像，拍摄于泰国，大城府，玛哈泰寺

大洋洲

臭椿：天堂之树

在中国旅行，从交通环岛到高速路口，从路边沟渠到公园空地，臭椿随处可见。这平平无奇的树有个雅称——“天堂树”，至于为什么这么叫，很少有人去了解。也许是因为它在传统医药中的疗效，中草药方中时常添加一味臭椿以治疗精神疾病、头痛、痢疾、哮喘和抑郁等。臭椿树皮中的活性成分臭椿酮是一种已知的抗疟药。在疟疾肆虐的热带地区，这一发现可不得了。此外，臭椿木富有韧性，常制成蒸笼，用于烹制蒸肉和豆沙包等人们喜爱的美食。

然而，即使在中国，臭椿也常常遭人鄙夷，不受珍视。比如二哲人斗嘴，一人说：“我有大树一棵，名唤‘臭椿’。树干参差多节，刨不成木板。树枝虬曲盘绕，裁不出圆形或正方形。生于路旁，没有木匠瞧得上它。你的话就好比那棵树——大而无用。”对手反驳道：“既为他人无用，怎添自个儿烦忧？”（这个典故出自《庄子·逍遥游》，两位“哲人”是惠子和庄子。——编者注）

臭椿雄株会产生一种难闻的气味，因而又被叫作“臭漆树”。尽管如此，作为遮阴植物引入北美后的近300年来，臭椿一直是当地景观的一部分。虽原产于中国温暖的沿海地区，它却很快适应了纽约哈得孙河谷等地较为凉爽的气候。不久，它就入侵了许多生态系统，排挤其他物种，像红柳等外来物种一样，大量繁殖，几乎无法根除。不过，也正是这个特性使它走入了美国作家贝蒂·史密斯1943年的小说《布鲁克林有棵树》。这屡遭忽视、缺乏照料、孤苦伶仃的臭椿树，成了美国一个贫穷爱尔兰家庭的象征：虽受贫困和酗酒困扰，却自强不息，最终坚不可摧。

第130—131页图：澳洲大叶榕的根，拍摄于澳大利亚，珀斯

上图、对页图：臭椿，拍摄于美国，华盛顿州，西雅图，华盛顿公园植物园

桉树：火之树

桉树家族的历史或起源于远古时代。最早的桉树化石可追溯到五千多万年前，发现于今天的阿根廷。在很久远的时代，阿根廷与现在的澳大利亚同属于冈瓦纳古陆。桉树在南美洲逐渐绝迹，然而，随着澳大利亚这块大陆救生筏漂流至数千英里（1英里≈1.61千米。——编者注）外，它们却在这里蓬勃生长。日渐丰富的品种养育和庇护了万千动物，从昆虫、蝙蝠到考拉，甚至还有很久以前的树袋鼠。数百万年前，原住民初来这片大陆，桉树用甘美的蜜为他们提供了食物。当然，它们也是很好的木柴来源。

有些树为斧而生，有些则为火而生。桉树是后者之一，尽管这个“之一”从一开始就存有疑义，因为世界上的桉树多达七百多种，几乎所有品种都产自澳大利亚。虽为可爱的小桃金娘树的近亲，桉树却生得高大挺拔，它们的叶脉中流淌着一种油，有杀虫抗疟疾的特效，却也极易燃烧。树油中易挥发的萜类化合物，使得桉树林笼罩在虚无缥缈的薄雾中，仿佛暗示着这些树不过是幻象而已，不会长久停留在这世上。澳大利亚大陆上桉树林最茂密的地区，远远看去，薄雾间散射的光清晰可见，因而得名“蓝山”。

人们很快发现，桉树唯一的缺点是和榆树一样，有个习性：沉重的枯枝脱落后，会砸到毫无防备的路人。当然，但凡树木都多少有些枯枝落木，但关于桉树的负面报道比比皆是。同样频繁的还有从古至今它所诱发的火灾。这自然不是桉树本身的过错，不过，桉树引发的山火的确不时吞噬加州的各个城市。1991年，奥克兰山的大火摧毁了数千座房屋，造成二十多人丧命。每有火灾肆虐，总有人扬言要将这些桉树连根拔除，或者禁止进口桉树。但说归说，加州的空气中依旧弥漫着蓝色的桉树烟雾，山上也依旧挺立着那一排排高大、优雅的树木。

另外，澳大利亚土著的乐器迪吉里杜管传统上是由白蚁蛀空的桉树枝制成的，每逢内地寒夜，人们生起桉树篝火，它都会为夜话闲聊奏起一段可爱的配乐。

上图：彩虹桉树（剥桉），拍摄于巴布亚新几内亚，东新不列颠

对页图：温带海岸雾气中茂盛的桉树林，拍摄于澳大利亚，维多利亚

上图：丛林大火，拍摄于澳大利亚，北部地区，阿纳姆地

对页图：银河与丛林大火，拍摄于澳大利亚，北部地区，阿纳姆地

顶、上图：寇阿相思树（*Acacia koa*），拍摄于美国，夏威夷州

顶、上图：寇阿相思树，拍摄于美国，夏威夷州

第140—141页图：红木（伞房桉属）草原航拍图，拍摄于澳大利亚，西澳大利亚州，波奴鲁鲁国家公园

上图、对页图：鬼桉树（*Corymbia aparrerinja*），拍摄于澳大利亚，北部地区，魔鬼大理石保护区

上图：软木茄，拍摄于澳大利亚，西澳大利亚州，波奴鲁鲁国家公园

对页图：奥特马努山上的椰子树，拍摄于法属波利尼西亚，博拉博拉岛

上图：椰子树，拍摄于法属波利尼西亚，博拉博拉岛

对页图：黄昏中的椰子树，拍摄于法属波利尼西亚，博拉博拉岛

红树林：星的诞生

如果一种树木分布广泛，身影遍布一片又一片大陆，那么有多种可能：要么得益于人手，如梨树从中亚传播至世界各地；要么是古老树种，随着亿万年前的超级大陆漂移至世界各个角落，好比南加州的托里松，它的近亲并非邻近树种，而是远在千里之外。

世界亚热带和热带河口的红树林属于后者。它们适应了炎热、潮湿的地区，在盐分高、氧气不足等足以令大多数其他树木灭亡的条件下茁壮成长。它们还承担着一个重要的功能，即用巨大的根系减缓湍急的水流，保护内陆地区免遭飓风和海啸带来的洪水冲击。

世界上最大的红树林位于印度和孟加拉国的恒河河口。并非偶然的是，这片几乎无法穿越的茂密森林里栖息着濒临灭绝的孟加拉虎，还有成百上千种其他地方所没有的鱼类、鸟类和昆虫。在传统的印度教信仰中，充满野性的湿婆神最喜在红树林活动，与那里的老虎和其他凶猛的生灵交流。

由于人类开发和气候变化的威胁，澳大利亚卡奔塔利亚湾的红树林正在大规模消失。那里的土著讲述了一个居住在海边的名叫罗拉·马诺的半人半神的故事。一天，罗拉去红树林沼泽钓鱼。正在岸边煮鱼之时，见两名女子走来。他躲在一棵红树的树枝后，企图绑架她们。一名女子潜入水中，罗拉·马诺紧随着丢入一根火把，想看看她逃去哪里。火把上的火星旋转着升上天空，化为星辰。另一名女子逃到了天上，化作昏星，紧盯着红树林里的罗拉·马诺。愿她也能留心这片红树林的健康，因为它是许许多多贝类和有鳍鱼类的摇篮和家园，它们是这个饥饿的世界不可或缺的食粮。

上图、对页上图：海榄雌，拍摄于澳大利亚，西澳大利亚州，金伯利地区

对页下图：美洲红树，拍摄于特克斯和凯科斯群岛，安伯格里斯岛

酒瓶树：进化之谜

猴面包树有个非洲之外的表亲，那就是酒瓶树（澳洲猴面包树），只生长于澳大利亚西北部的金伯利地区。为何如此呢？这也是科学家们长久以来猜测的一个谜。一种理论认为，千万年前，非洲人迁徙时，横跨连接南亚和澳大利亚的大陆桥，带来了猴面包树的种子。这似乎不太可能，因为迁徙途经的其他地方并没有出现猴面包树。另一种理论认为，古时候猴面包树的荚果顺着洋流从非洲东海岸漂到了澳大利亚西海岸。

金伯利地区的人们把酒瓶树视作无价之宝。该树绝大多数部位均可食用，树洞内储水丰富。树叶尤其富含铁元素，营养学家们建议澳大利亚各民族将其加入日常饮食。

澳大利亚土著神话里，名唤“旺吉纳”的神灵降甘霖于干旱的内陆沙漠。故事是这样的：一次，两个小男孩意外发现了一只猫头鹰，他们虐待它，拔掉它的羽毛，把它拴在绳子上。猫头鹰侥幸逃脱，飞上天将它的遭遇告诉旺吉纳。旺吉纳下凡，唤来呼啸的狂风，男孩们躲进一棵酒瓶树。不巧，这棵酒瓶树也是旺吉纳所化，它将男孩困住，使其窒息身亡。故事告诉我们：请善待鸟类，也善待树木。

上图：超广角镜头下大腹便便的酒瓶树，拍摄于澳大利亚，西澳大利亚州，金伯利地区

对页图：酒瓶树，拍摄于澳大利亚，西澳大利亚州，金伯利地区

顶图：桉树丛中的酒瓶树，拍摄于澳大利亚，西澳大利亚州，金伯利地区

上图、右图：酒瓶树，拍摄于澳大利亚，西澳大利亚州，金伯利地区

第154—155页图：雨树，拍摄于美国，夏威夷州，威洛亚州立公园

第156—157页图：树蕨（金毛狗属），拍摄于美国，夏威夷州，夏威夷火山国家公园

顶图：渴望阳光的木质藤蔓，拍摄于美国，夏威夷州

上图：棕榈树根，拍摄于美国，夏威夷州，普纳卢乌海滩

对页图：棕榈树上悬挂的喜林芋藤蔓，拍摄于美国，夏威夷州

第160—161页图：峡谷峭壁裂缝中顽强的热带红盒树（*Eucalyptus brachyandra*），拍摄于澳大利亚，西澳大利亚州，金伯利地区

欧洲

橄榄树：智慧与财富

世界上有许多树都被赋予了神圣的地位，但很少像古希腊人心中的橄榄树那样美誉满载。雅典娜是雅典的守护神，这座城市至今仍以她的名字命名。相传她是从众神之神宙斯的前额中诞生的，因此被奉为智慧女神。鸟类中最聪慧的猫头鹰是她智慧的象征，而她对希腊人慷慨大方的象征则是那棵自雅典人定居以来便与他们息息相关的树：橄榄树。果实和橄榄油是珍贵的食材，而它高贵的外表则是美的源泉。古希腊人依托橄榄树种植建立起完善的经济体系，产品广销地中海沿岸及其他地区。

如果古希腊人需要雅典娜的庇护，他们会前往供奉女神的神庙，门口的橄榄树则是神庙的标志。橄榄树预示着庇护与和平，这就是为什么现代人常把橄榄枝看成和平与人性中的善的象征。珀耳塞福涅和冥府众神都将白杨树和柏树作为代表自己的圣树，而橄榄树却为雅典娜所独有，事实上，橄榄树也是古代神话中为数不多的举足轻重的圣树。其中最著名的一棵与雅典的建立密不可分。海神波塞冬与女神雅典娜比赛，看谁能给该地区的人民最好的礼物。波塞冬以神杖叩击大地，一汪盐泉汩汩而出，而当雅典娜这么做时，那棵庄严的树便拔地而起。雅典人民更喜欢哪个，自然不言而喻。

至于果实和橄榄油，2600年前的古希腊哲学家泰勒斯想必厌烦了人们总说什么“像他这样有头脑的人自有用处，不过整天四处游荡思考问题是永远发不了大财的”。相传泰勒斯走遍家乡米利都的每一个角落，买下了他能找到的所有橄榄榨油机。次年橄榄空前大丰收，泰勒斯垄断了橄榄油加工市场。他变得非常富有，却也不过是慷慨大方的橄榄树福荫下的另一个受益者罢了。

第162—163页图：地中海柏木和意大利石松，拍摄于意大利，托斯卡纳

上图：500年的老橄榄树，拍摄于墨西哥，米却肯州，辛祖坦

对页图：点缀着橄榄树深绿色叶子的风景，拍摄于意大利，托斯卡纳，奥尔恰谷

上图：攀附在石灰岩峭壁上的叙利亚松，拍摄于法国，普罗旺斯

对页图：孤独的意大利石松，拍摄于意大利，托斯卡纳

冬青和花楸：战争之树

古老的冬青树有着令人望而生畏的外形。早在几千万年前，它就进化得与今天的模样大同小异。树上的果实其实远远高过现代食草哺乳动物的头顶，但当饥饿的乳齿象或者大地懒想寻觅点零食的时候，恰好够得着。因此，它出现在一本最古老的凯尔特文学作品《树之战》中是再合适不过的了。书中讲述了威尔士巫师格威迪恩招募树木，组建森林大军的故事。军队最初的成员里就有冬青树，时至今日，它依旧是强大的堡垒，常常用于编织环绕田地和乡间寓所的灌木篱墙。冬青树还是爱尔兰英雄库・丘林的故事中不可或缺的角色。库・丘林手握一根冬青木打造的棍棒，渴望将敌人打个落花流水，他的形象后来出现在亚瑟王故事中的高文骑士身上。

基督教成为英国国教之时，冬青树的尖叶子被用来代表基督被迫戴上的棘冠，它的红色浆果则代表耶稣在受鞭刑和被钉上十字架时洒下的鲜血。由于那鲜红的浆果到深冬时节还挂在枝头，冬青树自然和纪念耶稣诞生的圣诞节联系到了一起，正因如此，如歌中所唱，英国人用冬青枝条装点厅堂。

在《树之战》中，冬青树最坚定的战友是被凯尔特人称为“生命之树”的花楸树。凯尔特人的祭司德鲁伊是魔法与知识的守护者，他们的名字取自橡树。橡树取代了冬青树充当森林大军的先锋，但花楸树是他们的秘密武器，用以抵御作恶者的反击法术和召唤愿意助战的魂灵，这些魂灵虽已离世，依旧乐于参与人类的战争。爱尔兰人将花楸果和苹果一起看作众神的食物，不列颠群岛的凯尔特人则在他们的神殿附近经营花楸园。

桤木打头阵
结成先锋
柳树和花楸
紧随其后

《树之战》中这样写道。花楸树，虽不是一等一的战士，却也不失为强有力的盟友和装点温带花园的良树。食用冬青浆果使人害病，但花楸果却可用作蜂蜜酒调味料，或者酿造令人神清气爽的酒精饮料。在一些后基督教凯尔特传统（post-Christian Celtic traditions）中，花楸树的红色果实和冬青浆果一样，象征着基督的鲜血。一些威尔士史料称耶稣的十字架便由花楸木雕刻而成。

上图、对页图：冬青树，拍摄于美国，华盛顿州，西雅图，华盛顿公园植物园

橡树：秋日凉景

秋天，林木茂密，落叶萧萧，是驱车、散步、品赏美景的最佳时节。秋的迹象比比皆是：暑气退去，夜晚渐长，白日虽暖，晚风却微冷。在一些海拔较高或偏北的地区，新雪初落，但伴随秋季到来的主要景象是层林尽染，意味着树叶生命的最后阶段。

树木以各种方式回应光的季节性变化。白昼变短，黑夜渐长，这就告诉了落叶树木：春天的嫩芽，夏天的绿叶，是年老色黄的时候了。随着单宁酸和其他化合物的增多，代表植物的命脉叶绿素的浓郁绿色渐变为红色、棕色、黄色和紫色，正好比人类的青丝褪成白发。正因如此，诗人在描绘清冷的秋日时，似乎总会添上丝丝惆怅，如荷马就曾说，人类的生死好比秋风拂过落叶。这一意象，或许给了那些步入生命之秋的人些许安慰，但它也有着自身的美。

英式英语中秋季的惯用词“autumn”取自拉丁词“auctumnus”，但没有人确切地知道这个词的起源。有些拉丁语学者认为它与“auctus”有关，后者意为“增加”，还出现在我们的“auction”（拍卖）一词中。更有可能的是，它源自古代意大利人所使用的非拉丁语系的伊特鲁里亚语，因为季节的名称，同所有基础的事物一样，确实相当古老。

但古老的事物总会让位于新兴事物。直到几个世纪以前，“autumn”一词才开始进入英国人的日常词汇，在此之前，他们更喜欢用“harvest”（丰收）这一稳重的旧词来表示秋天。与古英语同根同源的现代德语仍称秋天为“Herbst”，意为“丰收”。丰盛的果实，大地带来的丰收，是金秋时节常见的景象，也是对所有辛勤培育这些珍宝的人的一种恩赐和祝福。

秋收过后，随着秋意渐浓，落叶树木的叶子失去了最后的色彩，变得脆生生的，再抓不牢母树的枝干了，于是乎落到地上，大多美国人因此把秋天叫作“fall”。在我心目中，这些叶子里最好、最大、最缤纷、气味最沁人的要数山毛榉的近亲——橡树的叶子。超过600种橡树的原产地都是北半球，如今它们遍植于世界各地。

约700年前，有一个古老的意大利故事，一个年轻的五人团伙在罗马城小偷小摸，不断招惹麻烦。其中一人犯罪之心较浅，在那瘟疫肆虐的年代，每每看到尸体，他也有足够的宗教敏感，祷告上两句。他的同伴注意到他的虔诚，想着总有一天他会为自己的种种劣行忏悔，离开这个团伙，说不定还会出卖他们。

四人决定杀他灭口。他闻风逃出城去，一路奔走数英里，遇到一具惨遭分尸的尸体，挂在橡树枝上，这棵橡树节瘤盘生，正适合吊挂。年轻人开始祷告，祷告完毕，碎尸从橡树上掉落，重新组成一具完整的尸体，随后，尸体睁开双眼，开口说话。“不要害怕，”尸体说道，“爬到这棵橡树上，躲在树枝间。我想借你的马一用。”

说着，尸体跨上年轻人的马，策马朝罗马城方向奔去。刚走不远，就遇到了团伙中余下四人快马追赶叛逃的同伴。四个年轻人朝尸体连开四枪，可当走近时，他们发现这并不是旧友，而是一具血肉模糊的尸体，于是仓皇逃走。

尸体回到那棵橡树旁。“我的孩子，”它说，“我对你报以仁慈是因为你有为我祷告的仁慈之心。我劝你改过自新，重新做人。”说着肢解开来，碎尸又回到了原来的橡树枝上。

后来，这个年轻人成为一名修道士，成了世间的圣人，为纪念那具尸体，他广植橡树，积德行善。

他的确改过自新了。有些人陶醉于寒冷的深秋，另一些人想到凛冬将至，而绿色时光似乎遥遥无期，于是心生悲凉。古老的轮回缓缓行至短暂的终点，绽开秋日绚烂的色彩，但绿色时光终会到来，生命的轮回生生不息。

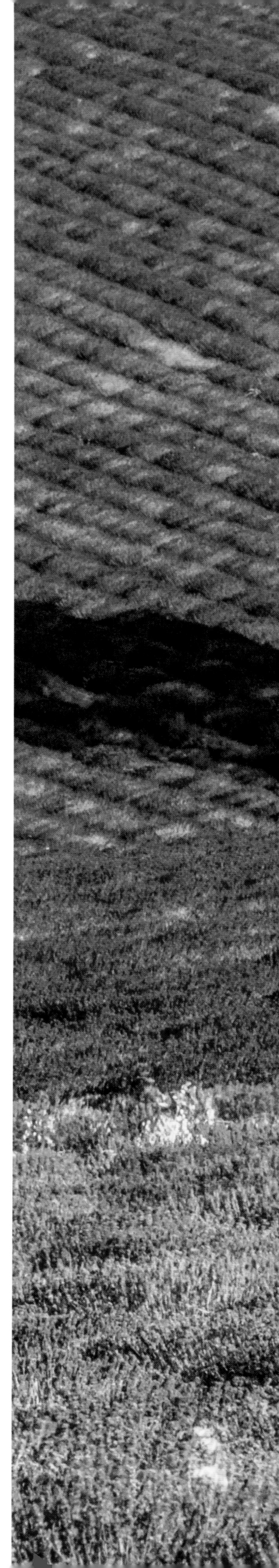

右图：薰衣草花海中的冬青栎，拍摄于法国，普罗旺斯，索村

梧桐树：神圣与无用

梧桐树（三球悬铃木）其貌不扬，不像高大树木那么引人注目，有时就连其他品质也被低估了。例如，一则伊索寓言中，两位旅行者在一个炎热的夏日午后躺在一棵梧桐树下休息。其中一人说："你知道吗，梧桐树其实一无是处。结不出果子，也不好做柴火烧。"梧桐树答道："此言差矣！你怎么能躺在我的树荫下数落我呢？"

这话确实不妥。无论如何，其他希腊人也不同意。迈锡尼国王阿伽门农在德尔斐附近种下一片梧桐林，还煞费苦心地在奥利斯的一棵梧桐树下安营扎寨，但也就是在这棵树下，他将自己的亲生女儿献祭，自此运途江河日下。希罗多德告诉我们，波斯国王薛西斯非常喜爱一棵特别的梧桐树，不仅命守卫终生照看，甚至不惜以金链装饰这棵树。据说，宙斯在凡间时也喜爱一棵高大的梧桐树的树荫。因此，那两个旅行者不仅数落了一棵树，还亵渎了至高无上的主神——无论你在哪里，亵渎神明总归是不明智的。

伦敦的梧桐树，是美国西卡摩树和亚洲梧桐的杂交品种，事实上，也是地球上游历最广的树木之一。同其他悬铃木属植物一样，伦敦梧桐生得高大，能长到30米至45米高。它们树体健壮，这在如今气候越发无常和极端、暴风雨频发的环境中是个难得的品质。同样，耐旱这一品质也甚是可贵。也许最重要的是，它像空气过滤器一样，能将吸满了空气污染物的树皮褪去。这是一种自我保护机制，可以防止这些微粒阻碍新鲜空气和营养物质进入树干。

正是由于这个特殊的原因，大伦敦地区的公园和道路两旁长期以来一直种植着梧桐树，它们成为这个城市的主要树种。梧桐树也被进口到世界各地的其他城市，一行行梧桐伫立在欧洲各国的首都，蓬勃生长于北京、悉尼和布宜诺斯艾利斯；它们在纽约亦是随处可见，梧桐叶还是纽约市公园局的徽章标志，尽管这多少有点理念化的图案似乎借用了枫叶的形象。唉，在纽约人眼中，梧桐树唯一不喜欢的大概就是咸水了——2012年，飓风"桑迪"肆虐，诱发巨浪和洪水，许多梧桐树因此倒下。

有了梧桐树，我们得以建造更宜居的城市，鉴于到2050年地球上超过80%的居民将住在城市里，这不失为一件好事。

第172—173页，菜棕和弗吉尼亚栎，拍摄于美国，佐治亚州，坎伯兰岛国家滨海公园

上图：修剪过的梧桐树（悬铃木属），拍摄于德国，韦茨拉尔

对页图：三球悬铃木，拍摄于英国，伦敦，海德公园

第176—177页图：山毛榉（水青冈属），拍摄于英国，伦敦，海德公园

白蜡树和柳树：棍棒、球拍及个中渊源

伊索讲述了一个关于白蜡树的故事。一天，一个人走进森林，问那里的树木他能不能砍一棵树给他手头的金属做根把手。树木们商量了一会儿，同意他砍下一棵小白蜡树。他将把手安在金属块上，做了把斧头，然后开始肆意砍伐树木。一棵老橡树对身旁的一棵雪松说："要是一开始说不，我们就可以长久地生存下去。牺牲了一棵，我们都为此付出了生命的代价。"

北半球各地共有梣属树木43种，白蜡树是其中木质最坚硬的。人若想折断一根白蜡木棍，得花上好大气力。这便可以解释为什么荷马的《伊利亚特》中，半神英雄阿喀琉斯会手握一柄由白蜡木打造的致命长矛。

当然，最让白蜡树名声在外的要数北欧神话。世界之树伊格德拉修是一棵主宰生死的白蜡树，北欧语唤作"askur"。传说中，伊格德拉修连接仙宫、冥府和九大王国，阿萨神族正是在它的树荫下思考如何捉弄人类的。

在英国，白蜡树生长于石灰岩上，喜欢与其他树木为伴；也就是说，相比单一的白蜡树林，混交林更为常见。古时候的英国人尊崇它的诸多品质，民间传说中，它比其他任何树木都更能代表忍耐与坚强，这是英国人一直欣赏的秉性。数个世纪以来，用它制作的英国箭矢非常致命，令中世纪欧洲各国军队闻风丧胆。

奇怪的是，在最能代表英国人的板球运动中，球拍的原料竟然不是白蜡木，而是相对柔软的柳木。不过，柳树这一遍布全球的树木，因其弹性良好，的确更能将板球击上天空。更令人兴奋的是，爱尔兰民间传说柳树是世界之母，诞下两颗深红色的蛋，就藏于她的树皮之下。在德鲁伊教的仪式中，人们在五一"贝尔坦节"这天用柳枝和彩蛋重现这一场景——据说，这就是今天复活节彩蛋的由来。

上图：加拿大雁在高大的垂柳下觅食，拍摄于美国，华盛顿州，哥伦比亚河

对页图：垂柳，拍摄于美国，华盛顿州，梅索山谷

上图：山坡上的云杉、落叶松与松树混交林，拍摄于意大利，多洛米蒂山

对页图：阿尔卑斯山寒风下的欧洲云杉，拍摄于意大利，多洛米蒂山

山毛榉：书之树

山毛榉树广泛分布于北美、欧洲和亚洲。在北美，这种树常常与糖枫树联系在一起。山毛榉是相当娇贵的树种，它们若是人的话，甚至可以用害羞来形容。这一点，它们同另一属别的白杨树很相像。

摩拉维亚有这样一个民间故事：一户猎人家有四个儿子，成年后，他们决定去外面的世界闯荡闯荡。他们来到附近山上的一个十字路口，在路的一旁，发现了一棵山毛榉树。老大说，“我们各走各的路吧，一年零一天后，再到这里碰头，看看各自都混得怎么样了。对了，把你们的刀插进这棵树里”——这是种不好的行为，因为山毛榉的树皮不会像其他树皮一样愈合——“就当给我们一个信号。要是哪把刀锈了，就表明它的主人死了；要是刀没锈，主人便安然无恙。”

他们就此分别，各自踏上一条不同的岔路，去往不同的城镇定居生活。老大做了裁缝，老二沦为小偷，老三成了占星家，老四学会了打猎。

一年零一天后，他们动身回家。老大最先来到那棵山毛榉前，拔出他的刀，然后看了看其他刀子，发现都没有生锈。他回到家中，父亲问及职业，老大答道：“我是名裁缝，但是名特别的裁缝，我只要开口说一件衣服需要缝补，它自己就能补好。”说着，他命父亲的破外套缝补自己的肘部，果不其然。

不久，老二来到那棵山毛榉前，拔出了他的刀，瞧了瞧其余两把，回到家中。父亲问：“你学会了什么？”老二回答：“我是个小偷。”他补充道，只要想着他想要的东西，它就会自己出现，说着变出了一盘美味的烤兔肉。

老三来到山毛榉前，拔出他的刀，看了看最后一把，回到家中。父亲问他学会了什么，他答道：“我是个占星家，不过，若望向天空，我可以看到地球上的任何东西，一览无遗。”

终于，老四来到树前，拿回了自己的刀，回到家中。他告诉父亲他是个猎人，不过和父亲不同的是，他只要念出猎物的名字，猎物就会死去。“做来看看。”父亲说。儿子张口说道：“鹿。”一头鹿随即掉进森林里，可父亲看不到它。“它躺在一些树后面，”占星家儿子说。小偷儿子心中默念着那头鹿，尸体便出现在家门口了。可不知怎的，鹿皮全扯破了，裁缝遂吩咐它自己补好，整张皮瞬间完好如初。

这棵树似乎赋予了兄弟四人魔法。这个故事或许和季节有关。让万物焕然一新的裁缝是春天，而占星家儿子是冬天，冬日里大伙儿忙着制订来年的计划。夏天是掠夺大地的窃贼，而猎人则在秋天劳作。

说到魔法，英语中的“book”与德语中的“Buch”同源，都来自古英语中的山毛榉一词“boc”。500年前，纸张还未普及，山毛榉树皮制成的木片得到广泛使用，这种树的名字也就成了书写物品的代名词。此刻，你手中所握的正是那位伟大祖先的后代，那是一棵神圣的树。

上图：山毛榉（水青冈属）树林与风铃草，拍摄于英国，苏格兰，斯凯岛

对页图：欧洲水青冈，拍摄于瑞典，斯科纳，南奥森国家公园

第184—185页图：核桃果园，拍摄于意大利，托斯卡纳，瓦尔德·奥尔恰

北美洲

苹果树：祝酒与流浪

如果要评选世界上最受喜爱的树种，那非苹果树莫属，遍布世界温带地区的苹果树已被带往每一块适宜居住的大陆。《圣经》中记载，正是这棵树结出了智慧与罪恶的原始果实，亚当和夏娃被逐出伊甸园之时，用来遮蔽自己裸体的也正是这棵树的叶子。应当指出，一些亚洲传统认为，那棵特别的传奇之树实际上不是苹果树，而是无花果树或者香蕉树。不过没关系，多亏了文艺复兴时期的画家，我们率先想到的便是苹果树，而且认为它无可争议。

将苹果看作那命运之果的强有力的候选者，是有充分的理由的。毕竟，传说伊甸园位于底格里斯河和幼发拉底河之间，就在现代伊拉克境内——自吉尔伽美什和亚述国王时代起，这里就种有苹果树。不过，即便如此，苹果也是个外来物种。它原产于中亚的帕米尔高原和天山山脉，在今天的吉尔吉斯斯坦、哈萨克斯坦、塔吉克斯坦和中国接壤的地区。哈萨克斯坦曾经的首都阿拉木图尊重这一传统，它之前的名字，阿玛阿塔（Alma-Ata），寓意是“苹果之父”。奇怪的是，两个世纪前，俄国征服者开始将这个哈萨克小村庄建成大城市时，阿拉木图几乎没有苹果树。或许是个美丽的巧合，一位名叫鲍姆（Baum，意为“树”）的德国工程师下令城里每家每户的花园里至少要有5棵苹果树，如今，据英国作家罗杰·迪金斯记载，那里共有180多种苹果树，使得阿拉木图因自然之美而闻名遐迩。

从中亚原产地开始，苹果沿着著名的丝绸之路传播开来，东亚的商品也是沿着这条路远销北非和地中海沿岸的。随着这种传播，苹果的品种也逐渐增加，这增强了它的多样性和抗病能力。旧大陆的大果园里通常有几十，甚至数百种苹果。

罗马人对促进丝绸之路贸易贡献巨大，苹果大概就是随着罗马帝国的扩展来到了欧洲北部地区。罗马

第186—187页图：北美红杉密布的山脊上升起的浓雾，拍摄于美国，加利福尼亚州，普雷里·克里克红木州立公园

上图：四月的苹果园，拍摄于美国，华盛顿州，卡什米尔

对页图：因产量大、劳力不足而未及时采摘的苹果，拍摄于美国，华盛顿州

人学会了嫁接的艺术，培育出种类丰富的苹果，延续至今。在一个果品尤其丰富的英国花园里，英国自然历史作家罗伯特·麦克法兰记录了一些名字可爱的苹果品种，如苹果之王、拉克斯顿精品、美国之母、鲜红紫蘩蒌，以及他的最爱，诺福克牛排。事实上，苹果对欧洲产生了深远的影响，许多英格兰和凯尔特地名都用前缀“av-”来指代苹果。其中一个例子便是阿瓦隆（Avalon），亚瑟王传说中的传奇而又神秘的小岛。此外还有罗马教皇的居所阿维尼翁（Avignon）。

苹果树很快成了欧洲果园和欧洲民间传说中最主要的果树。一些学者认为，苹果之所以被称为禁果，是因为它对北欧的前基督教民族而言是神圣的。根据这一理论，通过质疑苹果，早期的传教士们可以更容易地使凯尔特人、日耳曼人和维京人皈依基督——因为如果苹果是凡俗而非神圣的，那么理性的人就会远离它。

这个理论虽有可取之处，但有一点是确定无疑的：在欧洲的许多地区，随着基督教和当地传统的融合，苹果得到了原谅，依旧在农业和烹饪中占据中心地位。例如，在康沃尔郡，圣诞节期间，苹果树是当地纪念仪式“祝酒会”上的主角。人们在苹果树的根部浇上苹果酒，在树枝上挂上蛋糕，祈求来年丰收。于是就有了今天的“苹果潘趣酒”。

苹果在北美的欧洲移民中很受欢迎。早在18世纪，纽约州和宾夕法尼亚就为欧洲大部分地区供应苹果。一个名叫本杰明·富兰克林的美国种植户把一种叫作“纽敦苹果”的品种引入英格兰，结果大受欢迎。其中，詹姆斯·库克船长就带了一桶上“奋进号”，然而，他的船员们显然更愿意将它们做成苹果派，而不是种在沿途的岛屿上，不然还可以进一步改变世界历史的进程。

美国内战结束时，东部和中西部的种植者培育了约800个苹果品种，这在很大程度上要归功于一位传奇的种植者约翰·查普曼。他正好赶上时候，可以把水果卖给新来的开拓者。今天，无论走在俄亥俄河谷的什么地方，你都会遇到结着美味果实的庄严的苹果树，它们是查普曼功劳的最好印证。

查普曼出生于马萨诸塞州的莱明斯特，早在18世纪末，他就把目光投向了西部，那时的俄亥俄州还是个遥远的边境地区。他干过商人和小贩，买卖、储存各种作物的种子。在宾夕法尼亚州西部，他无意中发现了一种极其耐寒的用于制造苹果酒的苹果树——这种酒度数高，是边境开拓者寒夜的慰藉，而且，还是当时阿巴拉契亚山麓丘陵地区的一种特产。他向当地人买了种子，跋山涉水一路带到俄亥俄河谷，他一路走一路种植苹果园，到处卖种子，分发种子，四处推广这种能够提供丰富的果实、饮料，以及燃料和阴凉的树木。

查普曼，也就是后来人们所熟知的约翰尼·阿普尔西德（Johnny Appleseed），在接下来的40年里，走遍了今天的西弗吉尼亚州、俄亥俄州、印第安纳州和肯塔基州，分发了约莫数百万棵苹果树的种子。

民间传说，约翰尼·阿普尔西德智商不高，赤着脚，实心眼，或许脑子还有点不正常。这不无根据。做生意时，他总是独来独往，但绝不反社会。他在本地植物方面知识渊博，能够大段大段地背诵圣经，衣着甚是朴素。后来人的故事中说他身披装咖啡的麻布袋，头顶一个旧锡罐。这些故事自然是编造的，但也恰恰说明查普曼非常喜欢他酿造和推销的苹果酒，他那怪诞不经的名声也就不胫而走了。

不过，他也是个精明的商人，经常购买田地、开垦果园和农田，把改良后的土地卖给或者租给后来的人，在这些年的农业贸易中获得了可观的收入。1845年他去世的时候，名下有约4.85平方千米的良田，这些田地位于现在的印第安纳州北部，直到今天都是苹果的优良产地。他精明的商业头脑、长远的发展目标和对经营事业的信念使苹果派成为美国的代名词。

说到神话，在一些凯尔特民间故事中，苹果与死亡和来世有关。这一联系也解释了苹果与万圣节之间的渊源。万圣节是苹果丰收的时节，冬天来了，一年即将结束，一切终又重新开始。

对页图：因产量大、劳力不足而未及时采摘的苹果，拍摄于美国，华盛顿州

第192—193页图：动物坟场，拍摄于美国，南卡罗来纳州，埃迪斯托艾兰，植物湾野生动物管理区

榆树：死亡之树

在许多地区（尤其不列颠群岛）的民间传说里，榆属的榆树与冥府——或引申开来，与死亡——密不可分。它们还被认为是森林精灵的栖所，那奇形怪状的树枝节瘤为精灵们提供了庇护所。据说女巫都躲着榆树，而在巫师那儿，它们的地位也不如橡树——这些巫师被称为德鲁伊，“了解橡树的人”。

榆树与死亡密不可分，这不无缘由。首先，这和榆树毫无预告的落枝有关。那些又大又重的枝条轰然坠落，规律得惊人。据说，单纽约市的大小公园和其他公共场所里就有250万棵树，市内对树木的习性做了完善的数据统计，几乎每一起与树有关的不幸、事故和伤亡都同榆树脱不了干系。例如，2017年8月，纽约中央公园里，巨大的榆树枝突然坠落，树下的一位母亲和她三个出生不久的孩子，连同他们的婴儿车都被困在了落枝里，只能等待救援人员前来搭救。

幸运的是，他们只受了点小伤，没有性命之忧。然而每一年都有数十人死于坠落的榆树枝下。这也就是为什么最具标志性的经典恐怖电影系列要取名《榆树街噩梦》（又名《猛鬼街》）了。无论如何，一首古老的英语短诗表达了人们对榆树深深的不信任：“榆树心怀憎恶，伺机施以报复。”

第194—195页图：弗吉尼亚栎，拍摄于美国，南卡罗来纳州，布恩堂庄园

上图：美国榆，拍摄于美国，纽约

对页图：美国榆，拍摄于美国，纽约，中央公园

第198—199页图：枫树（槭属），拍摄于美国，华盛顿州，梅索山谷

棉白杨：蓝天下的绿荫

一位霍皮老人坐在编织椅上，握着一把刀，慢慢地雕琢着一块1英尺长的白色圆木。再过几天，他将释放囚禁在这柔软的白色木头中的形体：一位呼风唤雨的卡奇纳。

墨西哥边境附近，一位托霍诺·奥达姆族妇女在一棵大树下小憩，树叶在灼热的微风中轻轻摆动。沙沙作响的叶子唱响古老的歌谣，告诉她季风快来了，这滚滚热浪快过去了。

切利峡谷深处，一个纳瓦霍男孩看着父亲在一小片细木条上钻着木销子。老人搓着手掌，颇有耐心地钻了几分钟。先是冒起一缕烟，而后是一点火星，一株火苗，抵御冬日严寒的火诞生了。

在他们每一个人看来，棉白杨都是一种恩赐，从未改变。对幅员辽阔的美洲大陆上那么多原住民族群而言，没有比它更重要的树了。沿亚利桑那州中部水道而居的阿基梅尔·奥达姆人素来用棉白杨编织他们珍贵的篮子，还用它来搭建凉爽、通风的土木结构的凉亭。很久以前，霍皮手工艺人发现棉白杨柔软的木质是雕刻和制作手工艺品的完美材料。这些作品如今为世界各地无数的美洲土著艺术收藏增色不少。

科罗拉多河沿岸的莫哈维人和克坎人不仅用棉白杨木建造房屋，还用树皮缝制凉快的裙子。从太平洋沿岸到大平原腹地，许多民族都认为棉白杨树叶的沙沙声是来自其他世界的讯息，赋予了它特殊的力量，因此他们在棉白杨树荫下召开会议，举办仪式。有些民族还用树皮和树胶研制各种药物，特别用于治疗咽喉和肺部疾病。

第200—201页图：西黄松林，拍摄于美国，俄勒冈州，蓝山

上图：棉白杨，拍摄于美国，华盛顿州

对页图：拉马尔山谷白霜里的棉白杨，拍摄于美国，怀俄明州，黄石国家公园

在亚利桑那州西南部荒凉的沙漠中，沿着“恶魔高速公路”（Caimino del Diablo）旁经年不见水的河道，到处都能见到棉白杨投下一片片绿荫。向下1英里，极目俯瞰大峡谷最深处，在峡谷两侧和河滩上都能找到弗里蒙特棉白杨（*Populus fremontii*）的身影。环顾图森、洛杉矶、阿尔伯克基的老城广场或是其他有西班牙殖民史的地方，你都会发现它们被棉白杨环绕着，形成一道道拱廊，种植者称之为“阿拉梅达”（alameda），来自西班牙语“alamo”，意思正是“棉白杨”。

棉白杨是杨柳科植物，因而学名中有“Populus”（杨属）一词。树叶呈三角状卵形，叶柄细而扁，微风吹拂下，叶子像颤杨树叶一样自由翻动。因此，棉白杨是一种很健谈的树木，也是很好的遮阴树。沙漠和草原上的棉白杨多丛生于水源地附近，或沿着河岸溪畔，或靠近水坑。主干通常在离地面很近的地方分杈，形成多树干，每根树干能长到30米，形成浓密的树冠，为烈日炙烤下的飞禽走兽以及过往的行人提供充足的阴凉。

这绿荫自然是受欢迎的意外收获，不过棉白杨的存在本身所传达的信号也足以令人欣喜若狂：换句话说，哪里有棉白杨，哪里就有永久的水源地。在干旱地区，这可是个至关重要的信息。

棉白杨树体高大、健壮，直径超过1.2米。美国西南地区的原住民都知道，这粗壮的树干可以做成结实的屋梁和柱子，供应充足的燃料，为艺术、医药和商业提供原料。更重要的是，棉白杨是一种很可爱的树，它的种子荚打开时，会弹出天使般毛茸茸的种子，发芽后抽出明亮的浅绿色的幼苗，与这红褐色的大地和蓝色的天空形成柔和的对比。

上图：锡纳韦瓦寺中的棉白杨，拍摄于美国，犹他州，宰恩国家公园

对页图：秋天的弗里蒙特棉白杨，拍摄于美国，犹他州，宰恩国家公园

第206—207页图：穿过颤杨林的阳光，拍摄于美国，加利福尼亚州，内华达山脉东部

第208—209页图：大棱镜温泉前的加州扭叶松树干，拍摄于美国，怀俄明州，黄石国家公园

顶图：加州栎，拍摄于美国，加利福尼亚州

上图：橡树丛，拍摄于美国，得克萨斯州，阿兰瑟斯国家野生动物保护区

右图：弗吉尼亚栎与由矮棕榈组成的下层植被，拍摄于美国，佐治亚州，坎伯兰岛国家海岸

第212—213页图：颤杨，拍摄于美国，科罗拉多州，落基山脉

顶图：苔藓和地衣覆盖的橡树，拍摄于美国，加利福尼亚州，亨利·W.科州立公园

上图：加州栎，拍摄于美国，加利福尼亚州，亨利·W.科州立公园

右图：橡树林，拍摄于美国，加利福尼亚州，亨利·W.科州立公园

古老的巨人

孩提时代，我们经历不同的阶段，了解我们的身体从哪里开始，到哪里结束，认识了和我们共享这个星球的人、动物还有周围的“事物”。在那个极其自由的学习阶段，孩子们着迷于各种各样的事物：石头、昆虫、星星、蛇、鸟，然后，约莫五六岁时——通常通过看书或参观博物馆，不然就是看电影——迷上了恐龙。大多数人或多或少都保留了些儿时的迷恋。虽然，生态保护作家兼生物学家蕾切尔·卡森曾哀叹，这个悲伤的世界中最令人痛心的伤亡莫过于大人失去孩子般的好奇心，但当听到霸王龙、三角龙、迷惑龙这些名字时，我们仍会莫名兴奋。

当然，还有其他名字值得我们去了解，那些或许不那么迷人的生物的名字。2.5亿年前，它们生活在今天的科罗拉多高原，不过那时候，这里还是一片溪流密布的沼泽，生长着茂密的树木、蕨类植物和苏铁类植物。

恐龙诞生时，现代树木的祖先已经存在了大约1.8亿年。爬行动物产生时，针叶树的祖先裸子植物也登场了。事实上，几乎所有的现代针叶植物都出现在恐龙盛行的时代。

我们之所以了解远古时代的树木和恐龙，部分原因在于我们有化石森林，这些森林的名字并非源自大型爬行动物，而是来自塑造了它们生存环境的远古巨树。曾经的巨型南洋杉型木（*Araucarioxylon*）、伍德沃斯属（*Woodworthia*）、希达贝属（*Schilderia*），在像所有其他树木那样倒下后，被淤泥和泥浆掩埋，树体免遭氧化腐蚀。数百万年里，硅——石英和蛋白石等砂质岩的基本成分——慢慢取代了木质组织，从而形成宝石状木头的奇观。

世界上其他地方也有化石森林，但都不及亚利桑那州东部国家化石森林公园。这里的化石数量大、保存完好，堪称世界一大奇观，也因此吸引了一位了不起的野外自然保护者——这里还有个小故事。

19世纪40年代初，这时的约翰·缪尔还是个稚气未脱的苏格兰小男孩，贫穷却无忧无虑的他掂量了一下面前的两个选择——去工厂工作还是去上学，却一个也没选。相反，他逃课自学，探索附近废弃的城堡，赤着脚在沙滩上奔跑，在长满帚石南的山上蹦蹦跳跳，自由自在。

当父母带着他和兄弟姐妹搬到大洋彼岸时，他就没什么机会玩耍了。他们来到了威斯康星州中部的一个农场，随处是参天大树和石质土壤，俨然一片荒野，漫长的一天里都是牵牛、犁地。但缪尔不甘心做

第216—217页图：橡树林，拍摄于美国，加利福尼亚州，亨利·W. 科州立公园

上图：巨杉、太平洋狗木与西黄松，拍摄于美国，加利福尼亚州，约塞米蒂国家公园

对页图：马里波萨树林中巨杉脚下渺小的游客，拍摄于美国，加利福尼亚州，约塞米蒂国家公园

个农民，不下地的时候，他埋头苦读植物学、生物学和天文学书本，常常学到深夜，钻研福克斯河岸的植物，给它们分类。成年后，他去了西部，怀揣着满腔热情，踏入连灰熊都未必敢涉足的荒野山区。

在内华达山脉，缪尔开始坚信人们需要野性、安静的地方。快速发展的美国正以令人担忧的速度丧失野性，成片森林倒于电锯之下，野生动物种群成片消失，随处是拔地而起的城镇。缪尔告诫人们，照着这样的发展速度，美国势必会越来越像他抛诸身后的那个改造过度的欧洲。

缪尔最初关于他在内华达山脉独自生活的作品吸引了大批读者，很快，他所居住的约塞米蒂被划为保护区。然而，妻子去世后，万念俱灰的缪尔离开了山区，辗转到一个叫作阿达马纳的地方，就在今天的国家化石森林公园边上。他被那些古老的木头迷住了，开始写信给一个对公有土地有很大影响力的朋友——后来成为美国总统的西奥多·罗斯福。缪尔催促罗斯福增强对该地区的保护，那里正遭到收藏家和承包商的洗劫，成吨成吨的石质珍宝被运走。

很快这片化石森林就被划为公有土地，紧随其列的还有大峡谷、红杉国家公园、国王峡谷、太平洋沿岸的北美巨杉林、雷尼尔山等许多地方。缪尔熟悉加利福尼亚海岸和内华达山脉的两种巨树，红杉和巨杉。这些巨树相当古老，可以存活数千年，许多1.5亿到2亿年前的侏罗纪沉积岩中都能找到它们祖先的身影。侏罗纪时期，它们在今天的欧洲、亚洲和北美随处可见，分布范围广至今天的北极地区。不过，长期的气候变化使红杉退回今天的俄勒冈州和加利福尼亚州沿海地区，而巨杉则局限于高山地区。它们的小型近亲水杉，曾经分布同样广泛，如今也只生长于中国湖北、湖南等地的丘陵地区。虽然今天的红杉和巨杉可以存活数千年，但遗憾的是，它们在缪尔那个时代遭到了大量砍伐。如今，世界上仅有的三种红杉亚科树木都被列为濒危物种，受到火灾、砍伐、污染和栖息地丧失的威胁，而这些都是人类一手造成的。

“美国的森林，”约翰·缪尔写道，“无论人类怎样轻视，对上帝而言，都一定是种莫大的喜悦，因为它们是他种下的最好的树。”1914年圣诞夜去世时，他已被尊称为“国家公园之父”。在随后的一个世纪里，他的名气越来越大。他是人类中的巨人，也是所有这些巨树中的巨人。在他的引领下，涌现出许许多多环保人士，其中很多人都受过森林的教诲：蕾切尔·卡森致力于清除环境中的毒素，帮助保护林地和海岸；大卫·布劳尔，荒野英勇的守护者；戴夫·福尔曼和其他“社会责任红领军”；安塞尔·亚当斯，他为缪尔挚爱的土地拍摄的令人难忘的照片也帮助守护了这些土地；丽贝卡·索尔尼特、卡洛琳·拉芬斯珀格和其他心系地球的当代地理学家；还有阿特·沃尔夫，他拍摄的动物和风景——以及你面前的这些树——令我们更深入地了解我们所保护的事物，以及我们为什么要保护它们。

上图：巨杉，拍摄于美国，加利福尼亚州，红杉国家公园

左图：马里波萨树林中巨杉脚下渺小的游客，拍摄于美国，加利福尼亚州，约塞米蒂国家公园

第222页图：北美红杉，拍摄于美国，加利福尼亚州，雷德伍德国家公园

顶图：巨杉，拍摄于美国，加利福尼亚州，红杉国家公园

上图：北美红杉林中茂盛的西方剑叶耳蕨（*Polystichum munitum*）和酢浆草，拍摄于美国，加利福尼亚州，雷德伍德国家公园

巨杉林，拍摄于美国，加利福尼亚州，红杉国家公园

第227—228页图：透过北美红杉树干的阳光，拍摄于美国，加利福尼亚州，索诺马县

顶图：上帝之光透过升起的薄雾和北美红杉，拍摄于美国，加利福尼亚州，雷德伍德国家公园

上图：巨杉，拍摄于美国，加利福尼亚州，约塞米蒂国家公园

美洲山核桃、墨西哥果松与松树：生命之源

农耕文明以前，北美的土著民族擅长通过采集获得土地的馈赠。早在8000年前，密西西比河河谷及周边地区的人们居住在天然的山核桃园里，尽情享用核桃果。到访的西班牙探险家见得克萨斯的山核桃林这般葱郁茂盛，竟将一条河流命名为“纽埃西斯河”（Rio de Nueces），意为“坚果河”。

在西部山区，墨西哥果松的果实也是当地饮食的一个重要组成部分。松果丰收时节，散居的家人、朋友，甚至无亲缘关系的部落都会聚到一起，分享消息、交换物品。古老营地上的篝火坑和磨石依旧点缀着今天的大地。证据表明，当时的人们将松果制成多种美食，从简单的坚果粥到一种类似冰激凌的甜点。美味的松果还可以替代欧洲松子，用于制作一种以罗勒为底料的美味佳肴——意大利青酱。

它们的近亲，北美洲东部林地的松树也为人们提供了食物来源，土著居民充分利用松树皮和松针，来制药和制茶。民俗学家弗朗西斯·詹金斯·奥尔科特告诉我们，居住在圣劳伦斯河畔的密克马克族认为松树起源于传说中的三兄弟。故事里，兄弟三人欲寻觅传说中的英雄和魔法师格鲁斯卡普的小屋，为奖励他们的英勇，格鲁斯卡普会满足他们的任何心愿。老大身材高大，为显魁梧，他身披火鸡羽毛。老二不愿干活，只想在森林里悠闲度日。老三渴望长命百岁。三兄弟克服艰难险阻前往格鲁斯卡普的营地，格鲁斯卡普抓住他们，将他们种在森林里，一一满足了三兄弟的心愿：身材高大、无拘无束地生活在森林里以及长命百岁。“若你走进森林，或许能看到那棵最高大的松树，它的‘火鸡羽毛’迎风摆动着，”故事结尾这样写道，“它成天都在喃喃自语。”

上图：一只乌林鸮落在布满地衣的西黄松树枝上，拍摄于美国，俄勒冈州，蓝山

对页图：太平洋狗木和西黄松，拍摄于美国，加利福尼亚州，约塞米蒂国家公园

第232页图：颤杨，拍摄于美国，加利福尼亚州，内华达山脉东部

第233页图：冰碛湖畔的针叶混交林，拍摄于加拿大，艾伯塔，班夫国家公园

上图：北方森林，拍摄于美国，阿拉斯加州，迪纳利州立公园

对页图：北极光，拍摄于加拿大，西北地区，马更些山脉

顶图：冰雪融水汩汩汇入新娘面纱瀑布底部，拍摄于美国，加利福尼亚州，约塞米蒂国家公园

上图：西黄松，拍摄于美国，犹他州，宰恩国家公园

右图：砂岩夹缝中发育不良的扭曲的西黄松，拍摄于美国，犹他州，宰恩国家公园

顶图：雪堆中的松树苗，拍摄于美国，怀俄明州，黄石国家公园

上图：毛果冷杉，拍摄于美国，俄勒冈州，胡德山国家森林

对页图：风中被冰雪覆盖的针叶树，拍摄于美国，华盛顿州，雷尼尔山国家公园

上图：针叶树上凝结的间歇泉蒸汽，拍摄于美国，怀俄明州，黄石国家公园

对页图：大叶槭上垂挂的苔藓，拍摄于美国，华盛顿州，奥林匹克国家公园，霍雨林

枫树：生死攸关

“诗乃我辈愚人所作，而树唯独上帝可造。”1912年，出生于田纳西州的年轻诗人乔伊斯·基尔默给《诗歌》杂志的编辑哈丽雅特·门罗寄了一首六联短诗。门罗当即采用，并寄给他每联1美元的稿费，诗歌《树》于是在不久后发表。6年后，在一次西部战线慰问之旅中，一个名叫埃洛伊丝·罗宾逊的诗人给在那里作战的美国士兵朗诵了几首诗，其中就有基尔默那些关于树的诗行，一经传诵，便名扬于世。当时就坐在听众席的基尔默腼腆地承认这首诗是他写的，为此还赢得了现场惊讶的士兵们的掌声。

然而，好景不长。几周后，年仅31岁的乔伊斯·基尔默中士被德国机枪击中，于1918年7月30日在法国逝世。

1938年，美国政府买下了一片原准备砍伐的小树林，自那以后，北卡罗来纳州的这片国家森林保护区便以基尔默的名字命名。恰巧，这片山区纪念林里有一个名叫枫叶泉的景点，之所以说恰巧，是因为或许没有什么树木比枫树承载过更多死亡的暗示。它们也许很快就会从北半球广袤的土地上消失。

枫树为槭属树种，以其“直升机”般的翼果在同类树种中闻名，这种旋转的种子荚好似即兴的玩具，深受孩子们喜爱。翼果借助动物或风力传播，枫树由此得以广泛分布。这倒是件美事，因为一到秋天，所有枫叶就变得火焰般绚烂，枫木是上等的木材，而分布广泛的糖

上图：大叶槭·四季，拍摄于美国，华盛顿州

左图：玄武岩峭壁底部的大叶槭，拍摄于美国，俄勒冈州，哥伦比亚河谷

枫树的树液更是人们长久以来采集的美味。它为北美洲东北和中西部地区的土著居民提供了糖，任何一盘地道的煎饼都少不了用它酿造的枫糖浆。

然而，令人遗憾的是，包括珍贵的糖枫树在内，多种枫树的数量都在减少，而问题主要在于并发的诸多威胁：气候变化、大气变暖、污染、病毒、土壤酸化、甲虫数量激增、牲畜放牧等。植物学家就这个问题研究了十多年，仍然没有找到导致枫树突然死亡的原因，不过至少他们已经能够将威胁逐一排除，以求各个击破。

正如塔斯卡罗拉人和奥内达加人的创世神话所证实的，枫树始于天地之初，对死亡从不陌生：时间伊始，乌龟驮着地球，为人类缔造了一个家园，名曰“乌龟岛”。有任性精灵名唤“阵风”定居岛内，在新家飞来飞去，不久后，生下了一对双胞胎：树苗和燧石。天生格格不入的他们无法和睦相处，燧石总是企图用它的利箭和斧头伤害树苗。几番较量下来，燧石藏到了地下，树苗——一棵枫树——躲过了死亡，在地面上扎根生长。虽躲过了猎杀，树苗却无法享受燧石的永生。随着时间流逝，它终将老去、倒下。不过，新的枫树从翼荚掉落的地方长出，枯死的树苗中又萌发出新芽。讲到这儿，塔斯卡罗拉人的神话就告一段落了，纵然是伟大的毁灭者——死神，也无法改变生命、死亡与新生这个古老的轮回。让我们祈祷智人也不能改写这个结局。

上图：春雨中的大叶槭，拍摄于美国，华盛顿州

右图：形似烛台的大叶槭，拍摄于美国，华盛顿州，奥林匹克半岛

第246—247页图：日本枫树，拍摄于美国，华盛顿州，西雅图，华盛顿公园植物园

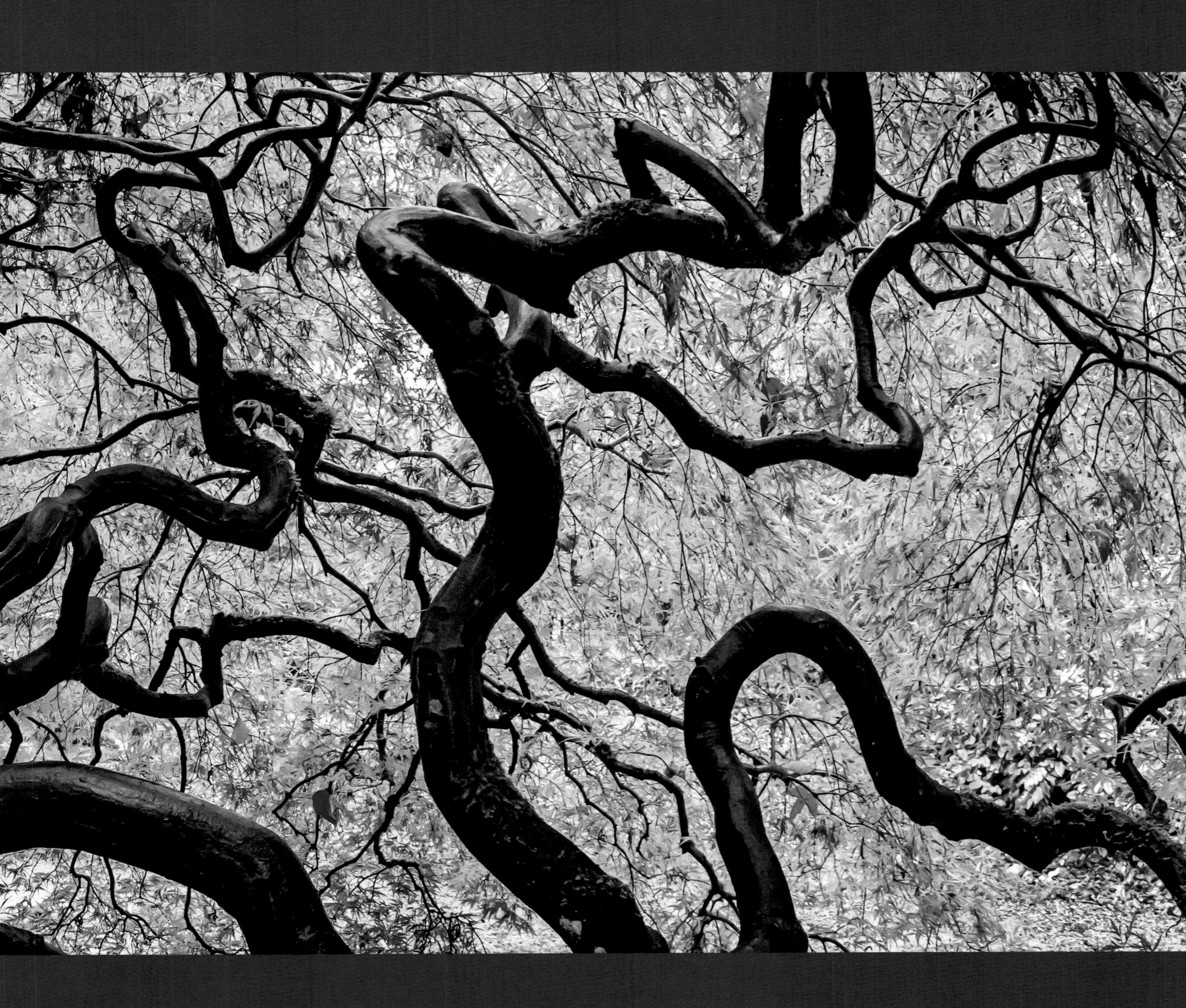

第248—249页图：大叶槭，拍摄于美国，俄勒冈州，哥伦比亚河谷

右图：锡特卡山梣木（*Sorbus sitchensis*），拍摄于美国，华盛顿州，雷尼尔山国家公园

第252—253页图：纸桦，拍摄于美国，明尼苏达州，苏必利尔国家森林

第254—255页图：榛子果园，拍摄于美国，俄勒冈州

上图：倒下的加州黄松，拍摄于美国，加利福尼亚州，约塞米蒂国家公园

对页图：星迹下的长寿松，拍摄于美国，加利福尼亚州，怀特山

第258—259页图：生长在花岗岩裂缝中的松树，拍摄于美国，加利福尼亚州，约塞米蒂国家公园

第260—261页图：星迹下的长寿松，拍摄于美国，加利福尼亚州，怀特山，古狐尾松林

上图：特里吉特人刻在巨云杉树干上的猫头鹰，拍摄于美国，阿拉斯加州，冰川湾国家公园和保护区

对页图：海达族纪念柱，拍摄于加拿大，不列颠哥伦比亚，海达瓜依，安东尼岛，尼斯廷斯村

第264—265页图：道格拉斯冷杉（花旗松）林航拍图，拍摄于美国，华盛顿州，斯诺夸尔米国家森林

上图：苔藓上慢慢腐化的毛果杨（*Populus trichocarpa*）枯叶，拍摄于美国，华盛顿州，奥林匹克半岛

对页图：弗里蒙特棉白杨，拍摄于美国，新墨西哥州

第268—269页图：银河下砂岩拱门里枯死的刺柏，拍摄于美国，犹他州，莫阿布

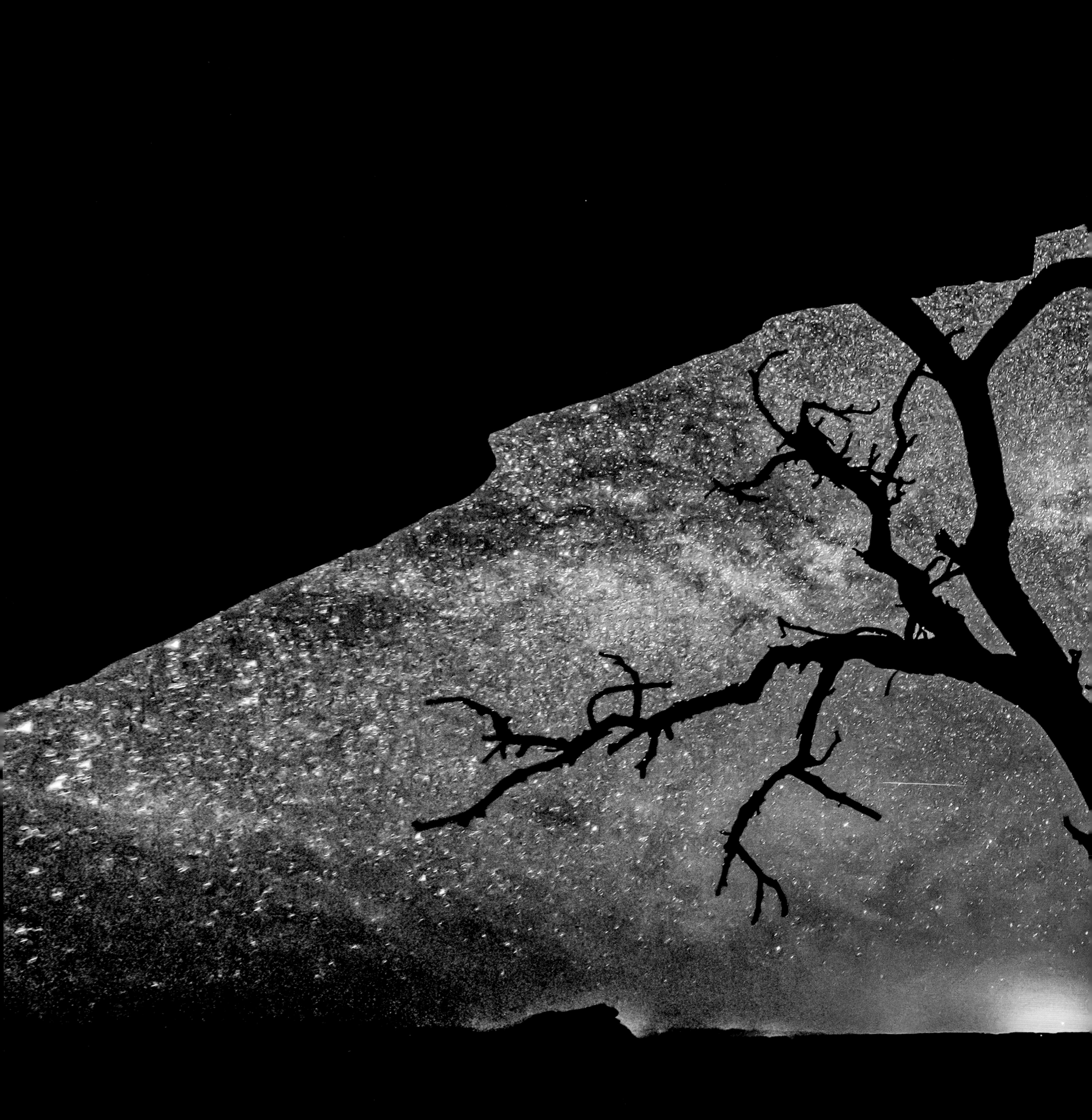

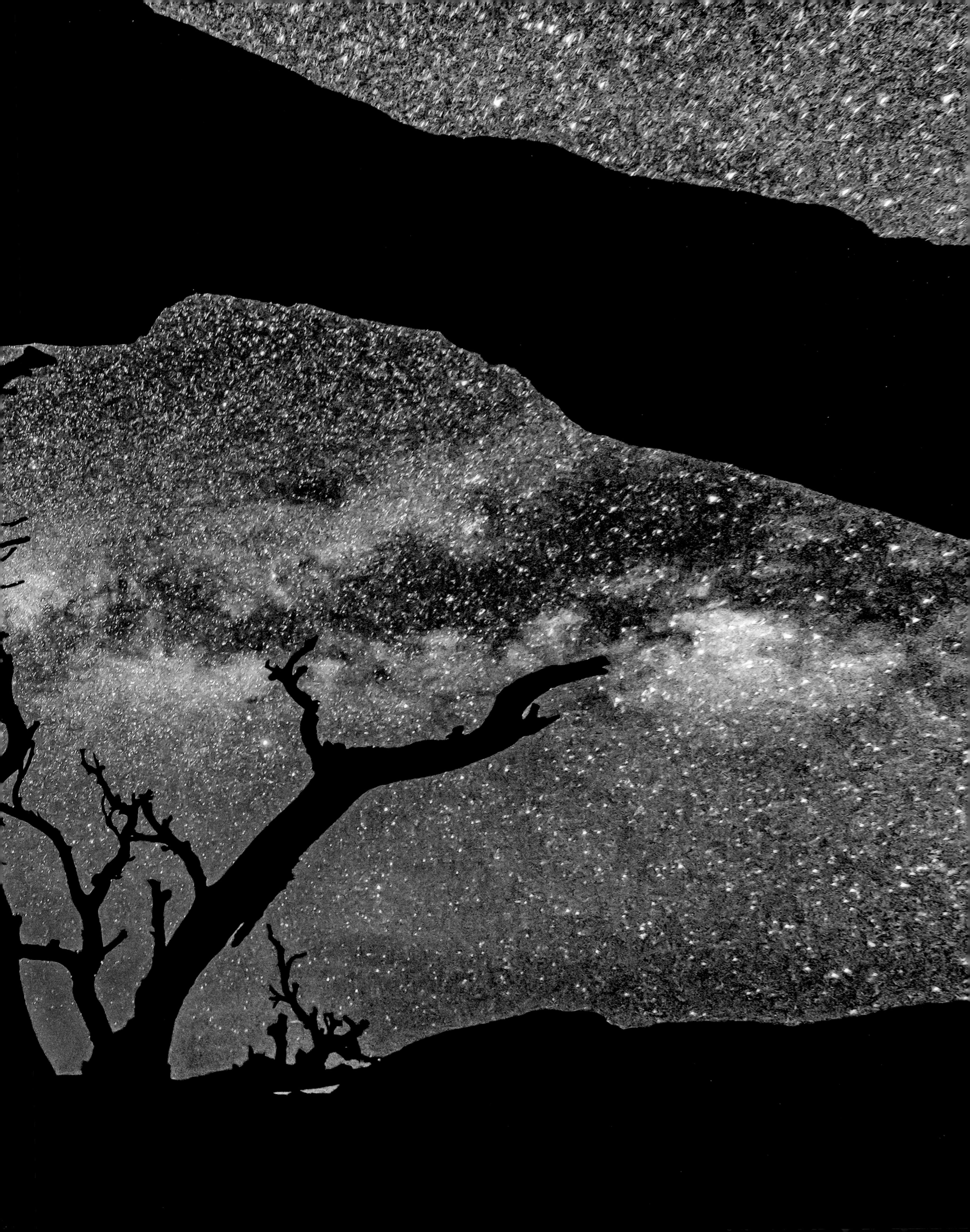

上图：云杉小岛，拍摄于加拿大，不列颠哥伦比亚，海达瓜依

对页图：颤杨，拍摄于美国，加利福尼亚州，内华达山脉东部

第272—273页图：加州黄松，拍摄于美国，加利福尼亚州，约塞米蒂国家公园，奥姆斯特德

第274—275页图：一条小溪淙淙流过由北美乔柏、道格拉斯冷杉与异叶铁杉组成的树林，拍摄于美国，俄勒冈州，哥伦比亚河谷

第276—277页图：颤杨林中吃草的驼鹿，拍摄于美国，怀俄明州，大提顿国家公园

左图：从温迪山脊看圣海伦斯火山口被刮倒的树，拍摄于美国，华盛顿州，圣海伦斯火山国家纪念碑

上图：秋天的颜色，拍摄于美国，北卡罗来纳州，大雾山

对页图：落叶木中散布着被铁杉球蚜摧毁的铁杉的断枝

第282—283页图：洪溢雨林航拍图，拍摄于巴西，亚马孙，亚马孙河

南美洲

猴谜树：谜语与诅咒

猴谜树（智利南洋杉）是智利的国树，早在欧洲人到来之前，就因树上的球果而备受重视，它们为许多土著民族提供了重要的食物来源。这种常青树木质坚硬，不易腐烂，可用于建造房屋、桥梁、船只，以及制造现代的建筑级胶合板。如此多的需求，加之火灾和林区放牧，使得自然栖息地内的猴谜树濒临灭绝。猴谜树这个名字来自它那奇特的、棕榈状的外形，智利民间传说，这一外形把猴子也给难倒了，不知该如何攀爬。1990年，智利开始禁止砍伐猴谜树，然而，在当地，该树种依旧岌岌可危，曾经成片的森林被分割成东一块西一块零散的林地。为此，世代食用猴谜树坚果的土著居民的生活变得愈发艰辛。事实上，“佩温彻”（Pehuenche）民族的名字正是来源于这种树，他们称之为“佩温”（Pehuen）。

在遥远的英国，猴谜树找到了第二个家园，造访智利的英国旅行者将它带回国，移植在气候条件相仿的地方。起初，这种树十分稀罕，因而对植物学颇感兴趣的参观者不远万里前来观赏，到了今天，英国的花园里，猴谜树已十分普遍。其中一个游客端详着这棵奇怪的植物，寻思着“猴子都该琢磨怎么爬上去”，不想，这句俏皮话却成就了它的名字。

猴谜树在英国土地上生长得久了，也促成许多民间传说。其中，伦敦东北部的沿海沼泽地带流传着这样一个故事，说是为了防止魔鬼偷看丧礼仪式，人们会故意在墓地旁种植猴谜树。鉴于它和死亡的渊源，又生出了另一些故事：剑桥郡的人说，这种树意味着噩运。于是乎英国各地的小孩子都懂得途经一棵猴谜树时千万不能讲话，免得噩运降临到他们身上。然而，对一种屡遭不幸的树而言，这一切不免有失偏颇。

第284—285页图：南方山毛榉（南青冈属）树林，拍摄于阿根廷，冰川国家公园

上图：柱状南洋杉，拍摄于美国，夏威夷州

对页图：猴谜树，拍摄于美国，华盛顿州

第288页图：粉色重蚁树（粉铃木属），拍摄于秘鲁，坦博帕塔国家自然保护区

顶图：蒙特韦德 · 克劳德森林保护区，拍摄于哥斯达黎加

上图：板状根，拍摄于巴拿马，巴洛 · 科罗拉多岛

第290—292页图：葱郁的雨林植被，拍摄于巴拿马，巴洛 · 科罗拉多岛

上图：亚诺玛米猎人，拍摄于委内瑞拉，帕里马·塔皮拉佩科国家公园
第294页图：葱郁的雨林植被，拍摄于巴拿马，巴洛·科罗拉多岛

南方山毛榉与莫雷诺冰川，拍摄于阿根廷，冰川国家公园

玉檀香：神圣的树枝

一名探访丛林之国委内瑞拉的耶稣会修士，给他的上级带回了一份报告，说是发现了一棵棕榈品种的生命之树。他补充道，奥里诺科河沿岸往南，是永生之树玉檀香（*Bursera graveolens*，又名圣檀木）的领地。那美丽的树木原产于墨西哥，很久以前传到了南美洲。时至今日，它的分布范围一直向南延伸到阿根廷的潘帕斯草原和巴西的沿海地带。

且不论永生，玉檀香毫无疑问具备有益健康的特质。当地人用它治疗溃疡等内部疾病，作为跌打损伤的搽剂和驱虫剂。它还被用作熏香，功效和北美洲西部土著民族使用的鼠尾草类似，可净化家宅，驱除恶灵，为家庭增添财富和好运。南美的一些精酿啤酒制造商，以及如今北美和欧洲的一些同行，都会使用玉檀香木做酒桶，赋予他们的啤酒一种浓郁的芳香。玉檀香树十分珍贵，很多地方已禁止砍伐。如今的药物和香薰都来自枯死的树木或掉落的树枝，几乎无法满足北美和欧洲芳疗制造商的巨大需求。

我们的那位耶稣会牧师并没有报告这种种用途，他也不知道玉檀香其实是千里之外的出产乳香和没药的两种芳香树的近亲，植物学家们也是后来才发现的。

上图：玉檀香与加岛刺梨仙人掌（*Opuntia echios*）林，拍摄于厄瓜多尔，科隆群岛，圣克鲁斯岛

对页图：玉檀香树林，拍摄于厄瓜多尔，科隆群岛，圣克鲁斯岛

顶图、上图：被烧毁的山毛榉（南青冈属）树林，拍摄于智利，托雷斯·德尔·帕伊内国家公园

右图：烧毁的扭曲的山毛榉（南青冈属）和帕伊内高原，拍摄于智利，托雷斯·德尔·帕伊内国家公园

第300—301页图：蓝色的布埃尔塔斯河河畔的南方山毛榉，拍摄于阿根廷，冰川国家公园

上图：开花的黄花风铃木，拍摄于巴拿马，博卡斯-德尔托罗群岛

对页图：生长在棕榈树上的凤梨，拍摄于巴拿马，博卡斯-德尔托罗群岛

第304—305页图：浴火重生，拍摄于美国，怀俄明州，黄石国家公园

生命、死亡与新生

在美国南部的许多地方，人们保留着这样一个古老而迷人的习惯，以植树来纪念生命中重要的人和事。在弗吉尼亚州我外祖父母的前院里，有一棵为纪念我母亲出生而栽下的橡树，边上四棵树则是为了纪念她四个兄弟姐妹的到来。20年后，我出生时，院里多了棵山茱萸。而如今，在亚利桑那州家中的花园里，我种下纪念母亲和其他亲朋好友过世的树木。

死亡当然是生命的一部分。更确切地说，生命是死亡的一部分，对树、对人皆是如此。创作本书的过程中，我在思考树的同时，也联想到了死亡。我们生活在一个曾经熟知的世界角落正成片成片消失的年代，一个不幸被称作第六次大灭绝的年代——又名人类世，这个名字虽吉利些，却同样意味深长。

我们生活在一个树的世界。诚然，世界上的树木似乎是无穷尽的。今天，地球上共有三万多亿棵树，约是十年前的八倍。尽管如此，这还不到几十万年前人类登场时树木数量的一半。自那时起，人类就一直在与地球交战，虽然当中一些人选择了为我们的家园而战。近来，这些环保战士取得了一些胜利。例如，就在几十年前，亚马孙雨林还在以每分钟1英亩（约4046.9平方米。——编者注）的速度消失。自那以后，砍伐速度已经明显减缓。然而，它并未停止，人类每年耗费150亿棵树，用于建材、柴火、餐盘和卫生纸，这其中大部分来自南美、印度尼西亚和非洲那砍伐过度的森林。为减少这一骇人的破坏，我们还有更多硬仗要打。

世界上超过40%的树木生长于热带地区，那里的气候变化加大了风暴的强度和频度，致使大风和闪电频发，造成许多树木死亡。约翰·缪尔说，除非遭到暴力砍伐，加州山脉上的巨树似乎是永生的。"除非遭遇人类破坏，"他写道，"它们会无限期地生长下去，直到被烧毁、被闪电摧毁、被风暴掀倒，或是脚下的土地崩塌。"

事实上，大多数树木都不耐大风。此前，一场巨大的龙卷风席卷了俄克拉何马州的穆尔市市中心，几周后，我碰巧经过穆尔市，令我震惊的不仅是毁坏的建筑物，更多的是成千上万棵倒下的榆树和白杨树，

撕扯过的残枝仿佛咀嚼后的牙签。几年后，一场湿型微爆流直接在我们位于亚利桑那州图森市的小牧场上空爆发，顷刻间，暴雨倾盆，相当于一场飓风风暴的降雨量。短短几秒钟里，狂风暴雨使我们损失了15棵树，牧豆树、假紫荆和柽柳树，全都被刮翻了，仿佛种在花盆里一样脆弱。

讽刺的是，生命是达尔文式的优胜劣汰，树木必须努力争取阳光，尽可能地长高，以便第一个接受光照，而这恰恰又将它们置于危险之中。大多数结坚果和橡实的树木，如核桃和山核桃，在光照充足的条件

顶部左图：预先计划的火烧，拍摄于不丹

左上图：林火，拍摄于澳大利亚，北部地区，阿纳姆地

右上图：烧焦的树干，拍摄于加拿大，艾伯塔，贾斯珀国家公园

对页图：火山爆发摧毁的树木，拍摄于美国，华盛顿州，圣海伦斯国家火山纪念碑

下便可茁壮成长，郁郁参天，可它们很快就会被推倒，为下一代腾出空间。诗人荷马将人的一生比作被风吹散的树叶，这不无道理，而骤风席卷森林之时，所到之处，满目疮痍，也不无原因。从科学的角度看，一旦风力达到每秒42米，或每小时94英里，途经之地的几乎所有树木都会倒下。这就是为什么2017年8月下旬，飓风“哈维”过后，得克萨斯州的古斯岛居民在发现北美境内最高大最古老之一的千年橡树竟毫发无损时，要举办如此盛大的庆典。

死去的树随处可见，而它们的死亡是生命所不可或缺的。地球上大江大河河口处的泥沙和沉积物的主要成分并不是土壤，而是流域中腐烂的树木的碎片。没有腐烂的老木头则会受到家具制造商和修复师的推崇，它们要么来自原始森林，要么是一些不再自然生长的品种，例如栗树和某些品种的橡树。冲到海上的浮木顺流漂至世界各地，引来了成群的金枪鱼、海豚和其他鱼类。鱼群追逐浮木的原因多种多样，其中包括遮阴和导航。陆地上，死去的树木是科学家们口中的“O层”的重要组成部分。所谓“O层”，即有机层，由腐烂的树叶、树皮、树枝、针叶和其他腐烂物质组成。下层是沙、淤泥、黏土和其他矿物层，它们构成了一个微生物活动的重要场所，即根围或根区，没有它就没有农业，没有文明，也就没有树木。

然后是火。火之于森林，就好比飓风之于海滩，龙卷风之于草原，干旱之于沙漠。这是自然界的现实。但是，正如生活中诸多种种，我们现代人似乎不太喜欢现实。2002年，我在报道亚利桑那州莫戈永地区的一场森林大火时，采访的一位年轻的阿帕切族消防员说得很有道理。“火不是什么坏事，”他说，“问题在于我们如何应对它。”

现代森林管理政策是为木材工业服务的，严防产业林中火灾，允许伐空大片林地。自美国林务局首任局长吉福德·平肖就任以来，这些做法就被奉为标准。这位局长提出多用途理论，建议刮除森林地表的灌木丛和枯立木，只留下可收割的树木，用推土机和拖链开辟林中空地，严防任何可能威胁到商业林的火灾。

然而，这种工业化的树木管理方法只会增加重大火灾的风险。2017年，席卷太平洋沿岸各州和内陆爱达荷州与蒙大拿州的特大森林火灾业已证明，这一方法并不能很好地服务于森林。

从统计数据上看，火是树木最不需要担心的问题，不论怎样，美国西部干燥的森林迟早会起火。火是自然界的现实，是自然秩序不可分割的一部分。虽然对一个山顶度假屋刚被大火夷为平地的屋主而言，这么说或许太过无情，但那个年轻的阿帕切族消防员是对的：火并不是一件坏事。就好比蛇蜕皮一样，它对

森林的健康至关重要。正是认识到这一点，进步的林务员开始倡导受控火烧计划，当森林中的矮树丛生长过于浓密时，就可以利用火烧这样一种最自然、干扰最小的方法清理部分树木。林务局已将该法付诸实践，尤其在黄石国家公园，事实证明，它是行之有效的。

大多数树木的寿命在80—100年之间，和一个幸运的人的寿命相当。当然，许多树种要长寿得多。英国博物学家吉尔伯特·怀特在美国独立战争期间出版的《塞尔伯恩自然史》中盛赞的一棵欧椴树，就一直存活到了2010年。而英国的道路两旁依旧挺立着其他源自乔治王时期的欧椴树，其表亲在巴黎、罗马和柏林都能见到。英国民间传说中，红豆杉的寿命相当于三只鹰，而一只鹰的寿命相当于三个人，这意味着一棵红豆杉可以活上七百多年。

但后来甲虫来了，杀死了怀特的欧椴和其他数百万棵树。大多数树皮甲虫（涵盖约6000种蛀木象鼻虫）身长不超过5厘米，长期生活在温带和亚热带的森林中，为维护森林生态发挥了重要的作用。好比狮子等食肉动物捕食垂死或体弱的有蹄类动物，树皮甲虫常寄生于生病或垂死的树上，最终杀死它们，为健康的树木腾出生长空间。

正常情况下，这一过程能起到看似矛盾的作用，即巩固树林。但如今是非常时期，一场多重诱因的浪潮正在削弱全球各地的树木。一是随着人口增长和经济发展愈演愈烈的污染。二是蔓延世界大部分地区的干旱。此外，人为引起的火灾也难辞其咎。各种各样不断变异的树木病害在森林中肆虐，而气候变化正在改变森林生态，无独有偶，也使得这些树皮甲虫的活动范围扩大至更高海拔地区，尤其是北半球以北。

其结果是，尤其在美国和加拿大西部，以及东欧的部分地区，树皮甲虫如今是杀死数百万英亩森林树木的罪魁祸首。它们被简单归结为破坏林地的元凶，但事实上，它们更多是后果，而非诱因。如今，森林管理员正想方设法寻求解决方案，奈何环境问题向来错综复杂。

方案确实存在。最有效的是树木与生俱来的本能：当一棵树——不一定濒临死亡——遭到袭击时，它会分泌特定的乳胶或树脂，内含的化合物可以抵御昆虫或真菌。树皮甲虫病害则是昆虫与真菌共同为害。树皮甲虫天生偏好丧失自我防御能力的病树。它们钻入树皮下的形成层，致使一种真菌生长，破坏树木输送水的能力。

美国农业部的科学家们正致力于研发天然的杀虫剂，以控制病虫害的暴发，例如专门侵害北美巨型黄松的山松甲虫（*Dendroctonus ponderosae*）和高大的恩格尔曼氏云杉的天敌云杉甲虫（*Dendroctonus rufipennis*）。与此同时，位于科罗拉多州博尔德市的美国国家大气研究中心（NCAR）的科学家们担心，树皮甲虫病害所带来的危害不只局限于一代树木的死亡。如今大片垂死的树木枯死后可能会导致气候变化。

当一片树木枯死时，大气即刻发生变化，紧接着，气温、降雨和降雪模式等也随之改变。健康的树木能够吸收大气中的二氧化碳。枯死的树木分解时则释放出二氧化碳，无形中加重了健康树木的工作量。腐树所释放的大量二氧化碳，以及人为排放的汽车尾气与工业废气等污染物，加剧了温室气体的有害影响，造成典型的恶性循环。

气温升高，降水量减少，枯木产生的乙醛，这些都是促使树皮甲虫病害暴发的原因。枯死的树木容易引发山火，病虫害暴发往往伴随着火灾肆虐。反过来，火灾会削弱森林，致使树木更易受甲虫和真菌侵害。生态学家们担心，这一组合意味着落基山脉及其西部的兄弟山脉终有一天将不再有森林覆盖，取而代之的是低海拔地区的草场和高海拔地区光秃秃的岩石，地貌发生翻天覆地的变化。

这种情况短期内是否会发生还需进一步观察，目前生态学家们估计，距美洲西部森林地貌彻底改变尚有几百年时间。然而，从墨西哥到加拿大，西部山地已有数百万英亩森林遭遇破坏。一些地区的扭叶松死亡率高达100%，这一数字很快波及周边地区，林业家们预计，在未来几十年里，树皮甲虫病害将扩散至五大湖地区，随后向大西洋沿岸蔓延。

大西洋沿岸弗吉尼亚州的那片纪念我母亲家族的小树林早已尽数砍去，被改建成一个医疗中心的停车场。自从吉尔伽美什闯入黎巴嫩的雪松森林，杀死超自然的守护者洪巴巴并将森林夷为平地以来，我们就一直将自己的死亡方式强加在树木身上。思考其后果则更令人不寒而栗，例如，世界各地的大型古树显著减少，热带雨林退化，如今雨林排放的碳总量比美国公路上所有车辆的排放量还要大，还有南加州地区标志性的棕榈树似乎在一夜之间锐减，沦为污染、气候变化、真菌感染和甲虫病害这一场多诱因浪潮下的受害者。

《圣经·创世记》中的故事告诉我们，我们的生活与树林和花园息息相关，然而到2050年，地球上超过80%的人将居住在城市里。若希望到时他们也能理解并体恤自然，我们必须将城市变得更绿色，也更公平——现今城市里贫困区的树木覆盖率比富裕区低得多。我们这些关心树木的人必须在提倡和保护方面做得更好。

在这方面，我们有很好的借鉴模式，环保主义者和科学家们的努力已经取得成果——最近（本书英文原版面世于2018年。——编者注）一项卫星数据调查显示，地球上的森林覆盖面积较之前增长了9%。增加的森林主要位于干旱地区。我的老朋友彼得·沃肖尔，一位颇有远见的生态学家，曾提出一个治理非洲萨赫勒地区土地荒漠化的好办法：如果一个农民种植并养护100棵树，那么他就可以免费飞往麦加朝圣——不论怎么看，这都是个双赢的办法，无奈从未得到实践。

冰岛的维京人曾经砍伐了大量的森林；如今，1000年后，为抵御荒漠化的危害，森林工作者重新种植了

数百万棵云杉、落叶松和白桦，即便在北极边缘地区也不例外。在另一个森林遭到破坏的岛屿地区，新西兰政府承诺每年种植1亿棵树，以减轻气候变化的影响。中国也实施了类似的项目，在亚热带地区植树造林，挽救濒临灭绝的大熊猫。而在美国，科学家们正努力重新引入包括栗树在内的因枯萎病而濒临灭绝的树木。

我们有理由期望一个更加美好的未来。幸运的是，不论作为象征和隐喻，还是作为真实的事物，树木都是很好的思考对象。我们借助它们思考，在观察苹果落地或漫步于橡树与橄榄树、榕树与檀香树、猴面包树与金合欢树下时想到最好的主意。很少有事物能像树一样巧妙地揭示万事万物间的联系，而我们亏欠它们的敬意远比近来回馈它们的多得多。

亲爱的读者，请接受我们的请求：当你合上这本书时，去拯救一棵树吧。去捐赠、去浇水、去修剪、去种植。这个世界和后世将永远感谢你们。

上图：森林再生，拍摄于美国，华盛顿州，圣海伦斯国家火山纪念碑

对页图：啄木鸟寻找虫子时钻出的洞，拍摄于美国，科罗拉多州

第310—311页图：长寿松，拍摄于美国，加利福尼亚州，怀特山，古狐尾松森林

第312—313页图：小岛上的美国草莓树，拍摄于美国，华盛顿州，圣胡安群岛

图片注释

第2—3页：仰望星河的猴面包树，拍摄于津巴布韦，马纳潭国家公园

佳能EOS 5DS R，Zeiss Distagon T* 2.8/15 ZE镜头，光圈f/2.8 快门速度15秒，ISO 5000

第4页：从海岸山脉看北美红杉林与太平洋，拍摄于美国，加利福尼亚州，普雷里克里克红木州立公园

佳能EOS-1N，EF镜头，Fujichrome Velvia胶片

第6—7页：北美红杉林，拍摄于美国，加利福尼亚州，雷德伍德国家公园

透过薄雾与参天的古树，蓝天依旧清晰可见。

富士胶片GX617，Fujinon 180mm镜头，Fujichrome Velvia胶片

第8页：落叶寒霜，拍摄于美国，科罗拉多州

森林地面上，卵形的山杨树叶与瓣状的橡树叶上结着一层白霜，展现了季节的变迁。

Mamiya 645 Pro TL，Mamiya 80mm微距镜头，光圈f/22，快门速度1/30秒，Fujichrome Velvia胶片

第10—11页：大叶槭林中的拉图雷勒瀑布，拍摄于美国，俄勒冈州，哥伦比亚河谷的盖伊・W. 塔尔博特州立公园

佳能EOS 5DS R，EF100－400mm f/4.5－5.6L IS II USM镜头，光圈f/20，快门速度2.5秒，ISO 100

第14—15页：长寿松与银河，拍摄于美国，加利福尼亚州，怀特山，古狐尾松森林

佳能EOS-1D X，EF15mm f/2.8鱼眼镜头，光圈f/2.8，快门速度30秒，ISO 3200

第16页：地中海柏木，拍摄于意大利，托斯卡纳

视线沿着构图中心的农场道路向远处延伸。清晨柔和的天光笼罩着整个场景，前景中的树影与画面上半部分的暗色形成微妙的平衡。

尼康，Nikkor 80mm镜头，光圈f/11，快门速度1/15秒，Fujichrome 50

第17页：乡间小路旁的地中海柏木与意大利松，拍摄于意大利，托斯卡纳，瓦尔德・奥尔恰

飞思One A/S IQ160，施耐德LS 110mm f/2.8镜头，光圈f/16快门速度0.8秒，ISO 50

第18页：墓园中的牧豆树，拍摄于墨西哥，米却肯州，帕兹卡洛

帕兹卡洛湖畔的小镇和村落常年举办盛大的亡灵节庆典。准备工作包括清扫和修缮墓园，以及搭建教堂中庭大门的鲜花拱门。

佳能EOS-1D Mark IV，EF24－105mm f/4L IS USM镜头，光圈f/16，快门速度1/125秒，ISO 400

第19页：巡视冷杉、云杉与雪松林的乌鸦，拍摄于美国，阿拉斯加州，冰川湾国家公园和自然保护区

佳能EOS-1D X Mark II，EF100－400mm f/4.5－5.6L IS II USM镜头，光圈f/8，快门速度1/3200秒，ISO 1000

第20页：巨杉，拍摄于美国，加利福尼亚州，约塞米蒂国家公园

佳能EOS 5D Mark III，EF70－200mm f/4L IS USM镜头，光圈f/7.1，快门速度0.6秒，ISO 100

第21页：橡树，拍摄于美国，加利福尼亚州，索诺马县

佳能，EF镜头，Fujichrome Velvia胶片

第22页：针叶尖雨滴中的风景，拍摄于美国，蒙大拿州，冰川国家公园

尼康，Nikkor镜头，Fujichrome Velvia胶片

第23页：棕榈树，拍摄于巴拿马，博卡斯-德尔托罗群岛

佳能EOS-1N，EF镜头，Fujichrome Velvia胶片

第24—25页：迷雾森林，拍摄于坦桑尼亚，乞力马扎罗山

1980年，我登上乞力马扎罗山脉中的一座山峰。从海拔 1219米的山坡到海拔3944米的山顶，景观各不相同。约3067米处，迷雾森林为乞力马扎罗山披上一件由苔藓和地衣织就的外套。

尼康F3，Nikkor 80－200mm镜头，光圈f/11，镜头1/15秒，Kodachrome 64

第26—27页：日落黄昏里的金合欢，拍摄于肯尼亚，马赛马拉国家保护区

佳能EOS-1Ds Mark II，EF24－70mm f/2.8L II USM镜头，光圈f/28，快门速度0.3秒，ISO 100

第28页：金合欢树，拍摄于肯尼亚，马赛马拉国家保护区

一棵孤独的金合欢树为秃鹫提供了栖息之所，而蓝角马正在树下吃草。

佳能EOS-1D X，EF200－400mm f/4L IS USM镜头，光圈f/13，快门速度1/400秒，ISO 800

第29页：星迹下的骆驼刺，拍摄于纳米比亚，纳米布-诺克卢福国家公园

几个世纪以前，移动的沙丘截断了纳米比亚境内一条流入南大西洋的季节河。河边的骆驼刺最终掩埋在无情的黄沙里，被炙烤、风干。后来，流沙和风将木乃伊化的枯木展露出来。我尤其喜欢这个朴素美丽的地方。这张照片拍摄的是南半球天空中的南十字座，其中四颗最亮的星与地轴排成一线。为捕捉这一星象，我需筹划周全，并进行双重曝光。借助指南针，参照死亡谷的两处树影，我确定好南十字座升起的位置。构图时，将水平线压低，以突出沙漠的天空。第一次曝光中，我希望拍摄到深色的夜空，同时保留景观中的细节，于是添加了偏振器和2挡渐变中性滤光片，这使得画面中的天空更深。此外，降低一挡曝光，使整个场景曝光不足，确保得到黑色的天空。我等到夜幕降临才开始二次曝光。过程中，把相机调成“灯泡模式”，借助锁定快门线，对夜空中星星的运动轨迹进行8小时的长时曝光拍摄。星光也使得地面景物曝光恰当。

佳能EOS-1N，Canon EF 17－35mm镜头；一次曝光：光圈f/2.8，快门速度1/60秒，偏光滤镜，2挡渐变中性滤光片；二次曝光：光圈f/2.8，8小时长时曝光；Fujichrome Velvia胶片

第30页：沙浪尖的骆驼刺，拍摄于纳米比亚，纳米布-诺克卢福国家公园

佳能EOS-1D X，EF200－400mm f/4L IS USM镜头，光圈f/8，快门速度1/500秒，ISO 4000

第31页：钙化的骆驼刺，拍摄于纳米比亚，纳米布-诺克卢福国家公园，死亡谷

在纳米比亚沙漠的索苏斯盐沼中，树干在暖色调的橘色沙丘的映衬下呈现出清晰的剪影。我喜欢这朴素无华的风景，光与形相映成趣。

佳能EOS-1N，EF70－200mm镜头，光圈f/22，快门速度1/8秒，Fujichrome Velvia胶片

第32—34页：钙化的骆驼刺，拍摄于纳米比亚，纳米布-诺克卢福国家公园，死亡谷

佳能EOS-1Ds Mark III，EF70－200mm f/4L IS USM镜头，光圈f/14，快门速度1/6秒，ISO 100

第35页（上）：钙化的骆驼刺，拍摄于纳米比亚，纳米布-诺克卢福国家公园，死亡谷

一天中不同时候，沙子的颜色也各有不同。黎明时分，还未照射到阳光，沙子呈现出柔和的紫色，仅片刻之后，就变成橙红色。而沙子真实的红色则来自氧化铁。

佳能EOS-1D X，EF70－200mm f/2.8L IS II USM镜头，光圈f/20，快门速度30秒，ISO 1600

第35页（下）：钙化的骆驼刺，拍摄于纳米比亚，纳米布-诺克卢福国家公园，死亡谷

这个著名的盐沼中死去的骆驼刺约有900年历史，那时候，这里还是一片湖泊。死亡谷周围有世界上最高的沙丘，高达1300英尺。

佳能EOS-1Ds Mark III，EF70－200mm f/4L IS USM镜头，光圈f/14，快门速度1/8秒，ISO 100

第36页：星空下钙化的骆驼刺，拍摄于纳米比亚，纳米布-诺克卢福国家公园，死亡谷

佳能EOS-1D X Mark II，适马20mm F1.4 DG HSM | Art 015镜头，光圈f/1.4，快门速度6秒，ISO 1000

第37页：乞力马扎罗山下的伞刺金合欢，拍摄于肯尼亚，安波塞利国家公园

乞力马扎罗山上的积雪消融，雪水渗过多孔的火山岩土壤，形成沼泽，养育了许多野生动物。

佳能EOS 5DS R，EF70－200mm f/2.8L IS II USM镜头，光圈f/3.5，快门速度1/320秒，ISO 400

第38页：金合欢草原，拍摄于肯尼亚，安波塞利国家公园

伞刺金合欢树是非洲大草原和萨赫勒地区的常见树木，生命力旺盛，耐寒、耐贫瘠、耐热且耐霜冻。

佳能EOS-1D X，EF200－400mm f/4L IS USM EXT，光圈f/9，快门速度1/2500秒，ISO 4000

第39页：坐在孤独的金合欢树下的保安，拍摄于马里，阿拉万

拍摄电视节目《阿特・沃尔夫的边境之旅》时，我们曾冒险进入撒哈拉，来到廷巴克图以北这个曾经因贸易而繁荣的地区。考虑到被绑架的危险，一路都有保安随行。此时，他们正在一棵金合欢树的小片绿荫下休息。

佳能EOS-1Ds Mark II，EF16－35mm f/2.8镜头，光圈f/10，快门速度1/125秒，ISO 200

第40页：伞刺金合欢，拍摄于肯尼亚，桑布鲁国家保护区

织巢鸟的鸟巢装点着金合欢树枝，好似圣诞装饰。

尼康，Nikkor镜头，Fujichrome Velvia胶片

第41页（上）：发烧树上悬着的传统圆柱形蜂箱，拍摄于肯尼亚，姆帕拉自然保护中心

姆帕拉有美丽的金合欢草原和花岗岩小丘。我曾用镜头记录了史密森尼热带研究所为大象研究付出的努力。

尼康，Nikkor镜头，Fujichrome Velvia胶片

第41页（下）：伞刺金合欢林，拍摄于坦桑尼亚，塔兰吉雷国家公园

滚滚乌云堆在天边，而正值花期的金合欢在午后的阳光下闪闪发光。春雨过后，稀树草原上干燥的褐土蜕变成茵茵绿草和芳菲树木。

佳能EOS-3，EF70－200mm镜头，光圈f/11，快门速度1/30秒，Fujichrome Velvia胶片

第42—43页：孤独的金合欢树，拍摄于乍得，扎库玛国家公园

一棵金合欢树伫立在干涸的盐沼中央，边上数不清的小径纵横交错，那是大象、水牛和秃鹳留下的足迹。

佳能EOS-1D X Mark II，EF100－400mm f/4.5－5.6L IS II USM镜头，光圈f/8，快门速度1/1000秒，ISO 4000

第44—45页：风中的木麻黄，拍摄于毛里求斯

尼康F4，Nikkor镜头，Fujichrome Velvia胶片

第46页：箭袋树梢头的新月，拍摄于纳米比亚，科克尔布姆森林保护区

佳能EOS-1N，EF镜头，Fujichrome Velvia胶片

第47页：华烛麒麟与金合欢，拍摄于坦桑尼亚，塞伦盖蒂国家公园

佳能EOS-1N，EF70－200mm镜头，Fujichrome Velvia胶片

第48—49页：躲在巨石和马鲁拉树间的迪克-迪克羚，拍摄于南非，马拉马拉野生动物保护区

佳能EOS-1D X，EF200－400mm f/4L IS USM镜头+2x III，光圈f/14，快门速度1/2500秒，ISO 4000

第50页：黄昏里的猴面包树，拍摄于津巴布韦，马纳潭国家公园

佳能EOS 5DS R，Zeiss Distagon T* 2.8/15 ZE镜头，光圈f/6.3，快门速度6秒，ISO 320

第51页：猴面包树，拍摄于博茨瓦纳，马卡迪卡迪盐沼国家公园

佳能EOS 5DS R，EF24－70mm f/4L IS USM镜头，光圈f/8，快门速度1/320秒，ISO 200

第52页：本斯树林中的猴面包树，拍摄于博茨瓦纳，纳塞盐沼国家公园

佳能EOS-1N，EF镜头，Fujichrome Velvia胶片

第53页：本斯树林中的猴面包树，拍摄于博茨瓦纳，纳塞盐沼国家公园

佳能EOS-1N，EF镜头，Fujichrome Velvia胶片

第54—55页：大猴面包树，拍摄于马达加斯加，梅纳贝

佳能EOS-1Ds Mark II，EF70－200mm f/2.8镜头+2x，光圈f/18，快门速度1/5秒，ISO 400

第56页：象蹄树，拍摄于马达加斯加

这种灌木的块茎使得它能够忍耐持久的干旱。

佳能EOS-1Ds Mark II，EF70－200mm f/2.8镜头，光圈f/25，快门速度2.5秒，ISO 100

第57页（上）：马达加斯加亚龙木，拍摄于马达加斯加

佳能EOS-1Ds Mark II，EF70－200mm f/2.8镜头，光圈f/16，快门速度0.3秒，ISO 50

第57页（下）：马达加斯加亚龙木，拍摄于马达加斯加

尽管名字里带有“ocotillo”一词，这种多刺的多肉植物与美国和墨西哥索诺拉沙漠中的仙人掌并非近亲物种。

佳能EOS-1Ds Mark II，EF16-35mm f/2.8镜头，光圈f/11，快门速度1秒，ISO 50

第58页：猴面包树小道，拍摄于马达加斯加

一种叫作“瘤牛”（zebus）的大型奶牛拉着车路过具有标志性的大猴面包树，这是马达加斯加乡村地区最常见的交通方式。这里的气候也适合猴面包树生长。它们储存水分，以度过漫长、干燥的旱季。

佳能EOS 5D，EF16-35mm f/2.8L USM镜头，光圈f/14，快门速度1/640秒，ISO 100

第59页：银河下的大猴面包树，拍摄于马达加斯加

佳能EOS-1Ds Mark II，EF16-35mm f/2.8镜头，光圈f/2.8，快门速度30秒，ISO 800

第60—61页：环荚合欢林，拍摄于津巴布韦，马纳潭国家公园

这种金合欢树的荚果看起来很像苹果圈，颇受大象、羚羊和狒狒喜爱。

佳能EOS-1D X Mark II，EF100-400mm f/4.5-5.6L IS II USM镜头，光圈f/10，快门速度1/640秒，ISO 3200

第62页：大箭袋树，拍摄于纳米比亚，纳米布-诺克卢福国家公园

佳能EOS 5DS R，EF24-70mm f/4L IS USM镜头，光圈f/18，快门速度1秒，ISO 100

第63页（上）：箭袋树，拍摄于纳米比亚，卡拉斯区

一束阳光照亮了广角视图下的一棵箭袋树。这种古老的芦荟生长于纳米布沙漠裸露的岩石上。

佳能EOS-1D X，EF16-35mm f/2.8L II USM镜头，光圈f/22，快门速度1/800秒，ISO 320

第63页（下）：大箭袋树，拍摄于纳米比亚，纳米布-诺克卢福国家公园

佳能EOS 5DS R，EF24-70mm f/4L IS USM镜头，光圈f/18，快门速度1/5秒，ISO 100

第64—65页：烟斗石南，拍摄于埃塞俄比亚，瑟门山国家公园

埃塞俄比亚高原上的瑟门山脉平均海拔1500米，被称为“非洲屋脊”。这片高原是非洲大陆上最大的高海拔地区，也是濒临灭绝的狮尾狒狒的家园。

佳能EOS-1D X，Zeiss Distagon T* 2.8/15 ZE镜头，光圈f/8，快门速度1/100秒，ISO 1250

第66页：被开花藤蔓缠绕的小树，拍摄于津巴布韦，马纳潭国家公园

佳能EOS-1D X Mark II，EF100-400mm f/4.5-5.6L IS II USM镜头，光圈f/11，快门速度1/125秒，ISO 250

第67页：猴面包树，拍摄于津巴布韦，马纳潭国家公园

有猴面包树生长的地方就一定有水，因此也有野生动物。我们的助理导游爬上了这棵大树，寻找大象的踪迹。

佳能EOS 5DS R，Zeiss Distagon T* 2.8/15 ZE镜头，光圈f/5，快门速度1/500秒，ISO 160

第68页：吊灯树的果实，拍摄于坦桑尼亚，卡塔维国家公园

班图人把这种树叫作基格利-柯伊亚（kigeli-keia），它们硕大的果实重达22磅，悬挂在蔓状的长枝条上，是许多动物的最爱。狒狒、大象、长颈鹿等动物爱吃果实，而鹦鹉偏爱它的种子。

佳能EOS-1D X Mark II，EF100-400mm f/4.5-5.6L IS II USM镜头，光圈f/8，快门速度1/6400秒，ISO 4000

第69页（上）：热带雨林，拍摄于乌干达，布温迪国家公园

这片茂密的雨林是数百种野生动物和数千种植物的家园，其中包括200多种树木。

佳能EOS-1D X，EF24-70mm f/2.8L II USM镜头，光圈f/22，快门速度1/25秒，ISO 100

第69页（下）：在吊灯树下觅食的黑斑羚，拍摄于坦桑尼亚，卡塔维国家公园

佳能EOS-1D X Mark II，EF100-400mm f/4.5-5.6L IS II USM镜头，光圈f/8，快门速度1/3200秒，ISO 4000

第70—71页：金合欢林，拍摄于坦桑尼亚，卡塔维国家公园

佳能EOS-1D X Mark II，EF100-400mm f/4.5-5.6L IS II USM lens +1.4x III，光圈f/13，快门速度1/2000秒，ISO 2000

第72—73页：金合欢树上的花豹，拍摄于博茨瓦纳，乔贝国家公园

古老的金合欢树那盘根错节的树枝成了花豹的休息处。

佳能EOS 5D，EF70-200mm f/2.8L IS USM镜头，光圈f/5.6，快门速度1/20秒，ISO 400

第74—75页：吉野山上盛开的樱花，拍摄于日本，奈良

佳能EOS-1D X，EF100-400mm f/4.5-5.6L IS II USM镜头，光圈f/16，快门速度0.4秒，ISO 100

第76页：樱花与神社屋顶，拍摄于日本，京都

佳能EOS-1D X，EF70-200mm f/4L USM镜头，光圈f/20，快门速度1/25秒，ISO 2500

第77页：蓝天映衬下的粉色樱花，拍摄于日本，京都

佳能EOS-1D X，EF70-200mm f/4L USM镜头，光圈f/22，快门速度1/80秒，ISO 4000

第79页（上）：吉野山上盛开的樱花，拍摄于日本，奈良

佳能EOS-1D X，EF100-400mm f/4.5-5.6L IS II USM镜头，光圈f/14，快门速度1/25秒，ISO 100

第79页（下）：开花的果树，拍摄于不丹

苹果、梨、桃子和杏子是这个快乐的喜马拉雅国度里最主要的水果作物。

佳能EOS 5D Mark II，EF70-200mm f/4L IS USM，光圈f/25，快门速度0.3秒，ISO 100

第80—82页：吉野山上盛开的樱花，拍摄于日本，奈良

莱卡S（Typ 006），Vario-Elmar 30-90镜头，光圈f/19，快门速度1/4秒，ISO 100

第83—84页：樱花与杜鹃，拍摄于日本，京都

佳能EOS-1D X，EF70-200mm f/4L USM镜头，光圈f/18，快门速度1/50秒，ISO 4000

第85页：鸡爪槭，拍摄于日本，本州，富士山

日本最具标志性的两个象征：富士山，圣山之一，亦是世界文化遗产；枫树，数百年来一直是亚洲园艺的精髓所在。

佳能EOS-1DS，EF70-200mm f/2.8镜头，光圈f/20，快门速度1/8秒，ISO 50

第86页：杜鹃花森林，拍摄于不丹

佳能EOS 5D Mark II，EF70-200mm f/4L IS USM镜头，光圈f/18，快门速度1/25秒，ISO 100

第87页（上）：杜鹃花森林，拍摄于不丹

佳能EOS 5D Mark II，EF70-200mm f/4L IS USM镜头，光圈f/22，快门速度1.6秒，ISO 100

第87页（下）：杜鹃花森林，拍摄于不丹

不丹森林的灌木层中，鲜红、娇粉的杜鹃花衬着苔藓和薄雾柔和的色调，愈显绚烂。

佳能EOS 5D Mark II，EF70-200mm f/4L IS USM镜头，光圈f/29，快门速度0.8秒，ISO 160

第88—89页：冬景，拍摄于日本，北海道

北海道的落叶林以橡树、椴树和白蜡树为主。

佳能EOS-1D X，EF70-200mm f/2.8L IS II USM镜头，光圈f/11，快门速度1/320秒，ISO 100

第90页（上）：黄山松，拍摄于中国，安徽

松树扭曲的枝条与构图中心的圆石相互映衬。柔和的晨光在浓雾的漫射下赋予画面单色的美感。

佳能EF50mm镜头，光圈f/11，快门速度1/15秒，Kodachrome 64胶片

第90页（下）：雾中的棉白杨，拍摄于中国，新疆

浓雾中，棉白杨树干那弯曲的线条越发醒目。

第91页：日本楢木，拍摄于日本，本州，琵琶湖

佳能EOS-1D X，EF24-70mm f/4L IS USM镜头，光圈f/16，快门速度86秒，ISO 100

第92—93页：日本枫树，拍摄于日本，本州，山内

佳能EOS-1Ds Mark III，EF24-105mm f/4L IS USM镜头，光圈f/18，快门速度1/10秒，ISO 100

第94页：风雪中的赤松，拍摄于日本，本州，妻笼宿

尼康，Fujichrome Velvia胶片

第95页（上）：冰雪覆盖的赤松林，拍摄于日本，本州，长野县

佳能EOS-1Ds Mark III，EF70-200mm f/4L IS USM镜头，光圈f/13，快门速度1/60秒，ISO 400

第95页（下）：寺庙墙外的落叶木，拍摄于日本，本州，山内

佳能EOS-1Ds Mark III，EF70-200mm f/4L IS USM镜头，光圈f/20，快门速度1/8秒，ISO 125

第96—97页：日本楢木，拍摄于日本，本州，琵琶湖

佳能EOS-1D X，EF24-70mm f/4L IS USM镜头，光圈f/14，快门速度169秒，ISO 100

第98页：雾中的尖岩与黄山松，拍摄于中国，安徽，黄山

长期以来，我最喜欢的一个主题是利用浓雾使固态景物呈现半透明的质感。拍摄时，将长焦镜头对准两块尖岩，使画面充满简单的线条与形状。

尼康F3，Nikkor 300mm 2.8镜头，光圈f/8，快门速度1/25秒，Kodachrome 64胶片

第99页（上）：黄山松，拍摄于中国，安徽，黄山

佳能EOS-1Ds Mark III，EF24-70mm f/2.8L USM镜头，光圈f/22，快门速度0.3秒，ISO 100

第99页（中）：花岗石尖岩上的黄山松，拍摄于中国，安徽，黄山

黄山位于中国东部的安徽省，以怪石、奇松和云海著称。

佳能EOS-1Ds Mark III，EF70-200mm f/2.8L IS USM镜头+1.4x，光圈f/14，快门速度1/15秒，ISO 100

第99页（下）：花岗石尖岩上的黄山松，拍摄于中国，安徽，黄山

佳能EOS-1Ds Mark III，EF70-200mm f/2.8L IS USM镜头，光圈f/14，快门速度1/13秒，ISO 100

第100—101页：松林中独行的人，拍摄于中国，安徽

佳能EOS-1V，EF70-200mm IS镜头，光圈f/14，快门速度1/30秒，Fujichrome Velvia胶片

第102页（上）：棉白杨，拍摄于蒙古，阿尔泰山

佳能EOS-1V，EF镜头，Fujichrome Velvia胶片

第102页（中）：棉白杨，拍摄于蒙古，阿尔泰山

佳能EOS-1V，EF镜头，Fujichrome Velvia胶片

第102页（下）：棉白杨，拍摄于蒙古，阿尔泰山

佳能EOS-1V，EF镜头，Fujichrome Velvia胶片

第103页：棉白杨，拍摄于蒙古，阿尔泰山

佳能EOS-1V，EF镜头，Fujichrome Velvia胶片

第104—105页：棉白杨，拍摄于蒙古，阿尔泰山

等待雪豹无果，我们在一片扭曲的棉白杨林中宿营。和我们一样，棉白杨躬着身，抵御山谷中吹来的寒风。

佳能EOS-1V，EF镜头，Fujichrome Velvia胶片

第106—107页：雨林中的光西瀑布，拍摄于老挝，琅勃拉邦

佳能EOS 5DS R，EF24-70mm f/4L IS USM镜头，光圈f/22，快门速度1.3秒，ISO 100

第108页：盛开的森林之火，拍摄于印度，班德哈瓦国家公园

宗教、文学与工业中随处可见这种标志性树木的身影。据说它是小乘佛教中的菩提树，在吉卜林的《丛林之书》中也有提及，此外，它还可产出木材、饲料、药材、树脂与燃料。

佳能EOS-1Ds Mark II，EF70-200mm f/2.8镜头，光圈f/11，快门速度1/40秒，ISO 400

第109页：紫矿上觅食的长尾叶猴，拍摄于印度，拉贾斯坦邦，贾瓦伊

佳能EOS-1D X，EF100-400mm f/4.5-5.6L IS II USM镜头，光圈f/9，快门速度1/500秒，ISO 1000

第110页：印楝下的茶园，拍摄于印度，喀拉拉邦

佳能EOS-1D X，EF24-105mm f/4L IS USM镜头，光圈f/16，快门速度1/60秒，ISO 800

第111页：印楝下的牲畜贩子一家，拍摄于印度，拉贾斯坦邦，布什格尔

佳能EOS-1DS，EF70-200mm f/2.8镜头，光圈f/22，快门速度1/6秒，ISO 100

第112页：云南铁杉，拍摄于不丹

佳能EOS-1DS，EF70-200mm f/2.8镜头+2x，光圈f/10，快门速度1/30秒，ISO 100

第113页：云南铁杉，拍摄于不丹

和为木材而砍伐森林的尼泊尔不同，不丹很重视保护森林。

佳能EOS-1DS，EF70-200mm f/2.8镜头+2x，光圈f/11，快门速度1/25秒，ISO 100

第114页：蓝叶软木斛，拍摄于纳米比亚，纳米布-诺克卢福公园

这种小型灌木和没药树一样，属于橄榄科植物。

佳能EOS 5DS R，EF100-400mm f/4.5-5.6L IS II USM镜头，光圈f/32，快门速度2秒，ISO 100

第115页：马达加斯加没药剥落的树皮，拍摄于马达加斯加

佳能EOS-1Ds Mark II，EF70-200mm f/2.8镜头，光圈f/25，快门速度2.5秒，ISO 100

第116—117页：刺梧桐，拍摄于印度，拉贾斯坦邦，伦滕波尔国家公园

当树皮受损或有切口时，这种落叶树会分泌一种天然的树胶，可用作化妆品、烹饪用具及医药产品的黏合剂。

佳能EOS-1D X，EF100－400mm f/4.5－5.6L IS II USM镜头，光圈f/13，快门速度1/1250秒，ISO 4000

第118页：热带雨林树木的板块根，拍摄于印度尼西亚，爪哇岛，乌戎库隆国家公园

乌戎库隆国家公园是现存最大的爪哇低地雨林所在地，也是濒临灭绝的爪哇犀牛最后的避难所。

佳能EOS-1N，Fujichrome Velvia胶片

第119页：榕树，拍摄于印度，古吉拉特邦

一棵榕树的气生支柱根伸向水面。榕树是印度的国树，冠幅广展，可达数英里。

佳能EOS-1D X，Zeiss Distagon T* 2.8/15 ZE镜头，光圈f/16，快门速度1/1600秒，ISO 4000

第120—121页：榕树的气生支柱根，拍摄于印度尼西亚，巴厘岛

佳能EOS-1D X，EF24－70mm f/4L IS USM镜头，光圈f/4，快门速度1/25秒，ISO 4000

第122页：吞噬寺庙的绞杀榕，拍摄于柬埔寨，吴哥窟

佳能EOS 5D Mark II，EF70－200mm f/4L IS USM镜头，光圈f/13，快门速度1/6秒，ISO 1000

第123页（上）：被绞杀榕缠绕的古寺中的僧侣，拍摄于柬埔寨，吴哥窟

佳能EOS 5D Mark II，EF16－35mm f/2.8L II USM镜头，光圈f/9，快门速度1/60秒，ISO 1600

第123页（下）：被绞杀榕缠绕的古寺中的僧侣，拍摄于柬埔寨，吴哥窟

佳能EOS 5D Mark II，EF16－35mm f/2.8L II USM镜头，光圈f/9，快门速度1/30秒，ISO 1600

第124—125页：榕树根系旁打坐的娑度（印度苦行僧），拍摄于印度，北方邦，阿拉哈巴德

娑度在神圣的榕树下冥想，有时绕着树踱步、诵经。

佳能EOS 5D Mark III，EF24－105mm f/4L IS USM镜头，光圈f/8，快门速度1/80秒，ISO 400

第126页：菩提树，拍摄于缅甸，仰光

神圣的菩提树枝长叶阔，能捕捉到最微弱的风，它们似乎永远在摆动。佛陀在菩提树下冥想时悟道。

佳能EOS-1D X Mark II，Zeiss Distagon T* 2.8/15 ZE镜头，光圈f/8，快门速度1/160秒，ISO 1000

第127页（上）：榕树林，拍摄于印度，拉贾斯坦邦，伦滕波尔国家公园

佳能EOS-1D X，EF100－400mm f/4.5－5.6L IS II USM镜头，光圈f/5，快门速度1/25秒，ISO 8000

第127页（下）：躲在榕树支柱根之间的白斑鹿，拍摄于印度，拉贾斯坦邦，伦滕波尔国家公园

佳能EOS-1D X，EF24－70mm f/4L IS USM镜头，光圈f/7.1，快门速度1/125秒，ISO 1600

第128页：榕树中的佛像，拍摄于泰国，大城府，玛哈泰寺

佳能EOS-1Ds Mark II，EF17－40mm f/4镜头，光圈f/16，快门速度1/8秒，ISO 100

第129页（上）：榕树中的黑叶猴，拍摄于印度，拉贾斯坦邦，伦滕波尔国家公园

叶猴是森林的警报系统。你要是想找老虎，只需听听每当大猫靠近，这些灵长类动物训斥般的激烈吼声。叶猴栖息在树上，鹿则在树下吃草，这形成了一种共生关系，鹿可以提前获得捕食者靠近的信号。

佳能EOS-3，EF600mm镜头，光圈f/8，快门速度1/30秒，Fujichrome Velvia胶片

第129页（下）：苏门答腊猩猩和它的宝宝，拍摄于印度尼西亚，苏门答腊岛，古农列尤择国家公园

爬上山坡，隔着峡谷，我看到这对母子。它们攀在缠绕着一棵巨大的龙脑香科树的藤蔓上，离地面三十多米高，显得气定神闲。

佳能EOS-3，EF500mm镜头，光圈f/11，快门速度1/60秒，Fujichrome Provia胶片

第130—131页：澳洲大叶榕的根，拍摄于澳大利亚，珀斯

佳能EOS 5D Mark II，EF24－105mm f/4L IS USM镜头，光圈f/18，快门速度1/13秒，ISO 1000

第132页：臭椿，拍摄于美国，华盛顿州，西雅图，华盛顿公园植物园

臭椿树原产于中国，树木各部位均可入药。

佳能EOS 5DS R，EF100－400mm f/4.5－5.6L IS II USM镜头，光圈f/20，快门速度1/25秒，ISO 200

第133页：臭椿，拍摄于美国，华盛顿州，西雅图，华盛顿公园植物园

佳能EOS 5DS R，EF100－400mm f/4.5－5.6L IS II USM镜头，光圈f/20，快门速度1/40秒，ISO 200

第134页：彩虹桉树，拍摄于巴布亚新几内亚，东新不列颠

这种桉树剥落的树皮呈现出鲜艳的绿色、橘色、黄色和灰色的条纹。

佳能EOS-3，EF镜头，Fujichrome Velvia胶片

第135页：温带海岸雾气中茂盛的桉树林，拍摄于澳大利亚，维多利亚

尼康，Nikkor 200mm镜头，光圈f/11，快门速度1/15秒，Fujichrome 50

第136页：银河与丛林大火，拍摄于澳大利亚，北部地区，阿纳姆地

佳能EOS-1Ds，Mark II，EF16－35mm镜头，光圈f/2.8，快门速度30秒，ISO 400

第137页：丛林大火，拍摄于澳大利亚，北部地区，阿纳姆地

丛林之火烧得噼啪作响，破坏性却不大。火能燃烧枯草和灌木，促进植物生长，维护生态系统。在澳大利亚广袤的旷野中，山火时有发生，但树木基本不受影响。夜空升起繁星之时，我按下了快门。

佳能EOS-1Ds，Mark II，EF16－35mm镜头，光圈f/2.8，快门速度30秒，ISO 400

第138页（上）：寇阿相思树，拍摄于美国，夏威夷州

寇阿相思树是夏威夷群岛特有的树木，树体高大，生长迅速，在湿度适宜的条件下很容易发芽。然而，同多数受欢迎的木材树种一样，它们面临着过度砍伐的威胁。夏威夷人曾用它们制造独木舟，可如今够大、够直的树已所剩无几。

佳能EOS 5DS R，EF11－24mm f/4L USM镜头，光圈f/7.1，快门速度1/250秒，ISO 160

第138页（下）：寇阿相思树，拍摄于美国，夏威夷州

因其美丽的纹理和色调，寇阿相思树备受欢迎，被用于制造家具和尤克里里等乐器。

佳能EOS 5DS R，EF100－400mm f/4.5－5.6L IS II USM镜头，光圈f/11，快门速度1/60秒，ISO 160

第139页（上）：寇阿相思树，拍摄于美国，夏威夷州

在夏威夷语中，“寇阿”（koa）的意思是“战士”。

佳能EOS 5DS R，EF24－70mm f/4L IS USM镜头，光圈f/14，快门速度1/6秒，ISO 160

第139页（下）：寇阿相思树，拍摄于美国，夏威夷州

佳能EOS 5DS R，EF100－400mm f/4.5－5.6L IS II USM镜头，光圈f/10，快门速度1/20秒，ISO 160

第140—141页：红木草原航拍图，拍摄于澳大利亚，西澳大利亚州，波奴鲁鲁国家公园

佳能EOS-1Ds Mark II，EF70－200mm f/2.8镜头，光圈f/2.8，快门速度1/5000秒，ISO 400

第142页：鬼桉树，拍摄于澳大利亚，北部地区，魔鬼大理石保护区

佳能EOS 5D Mark II，EF24－105mm f/4L IS USM镜头，光圈f/14，快门速度5秒，ISO 100

第143页：鬼桉树，拍摄于澳大利亚，北部地区，魔鬼大理石保护区

相比1990年拍摄时，这棵桉树只长大了一点点，足见所处气候环境之恶劣。

佳能EOS-1D Mark IV，EF24mm f/1.4L II USM镜头，光圈f/14，快门速度1/8秒，ISO 100

第144页：软木茄，拍摄于澳大利亚，西澳大利亚州，波奴鲁鲁国家公园

佳能EOS-1Ds Mark II，EF70－200mm f/2.8镜头，光圈f/32，快门速度6秒，ISO 400

第145页：奥特马努山上的椰子树，拍摄于法属波利尼西亚，博拉博拉岛

博拉博拉岛是法属波利尼西亚的一个小岛，位于大溪地西北方向，四周被珊瑚礁环绕，或许没有哪个岛屿比它更能体现南太平洋天堂的浪漫气质。该岛面积很小，从空中俯瞰时，景色最佳。全岛四周的珊瑚礁环抱着深蓝色的海水，令人心旷神怡。

佳能EOS-1N，EF镜头，Fujichrome Velvia胶片

第146页：黄昏中的椰子树，拍摄于法属波利尼西亚，博拉博拉岛

佳能EOS-1N，EF镜头，Fujichrome Velvia胶片

第147页：椰子树，拍摄于法属波利尼西亚，博拉博拉岛

椰子树曾经是这个小岛的经济支柱，是椰子干（晒干的椰肉）和椰子油的来源。如今，该岛经济已转向国际旅游业。

佳能EOS-1N，EF镜头，Fujichrome Velvia胶片

第148页（上）：海榄雌，拍摄于澳大利亚，西澳大利亚州，金伯利地区

佳能EOS 5D Mark III，EF70－200mm f/4L USM镜头，光圈f/5.6，快门速度1/160秒，ISO 500

第148页（下）：美洲红树，拍摄于特克斯和凯科斯群岛，安伯格里斯岛

红树的空气支柱根能直接吸收氧气，以此避免因淹没在水中而缺氧。

佳能EOS-1Ds Mark II，EF70－200mm f/2.8镜头，光圈f/18，快门速度1/13秒，ISO 100

第149页：海榄雌，拍摄于澳大利亚，西澳大利亚州，金伯利地区

佳能EOS 5D Mark III，EF24－105mm f/4L IS USM镜头，光圈f/11，快门速度0.5秒，ISO 100

第150页：酒瓶树，拍摄于澳大利亚，西澳大利亚州，金伯利地区

佳能EOS-1Ds Mark II，EF16－35mm f/2.8镜头，光圈f/18，快门速度1/50秒，ISO 400

第151页：超广角镜头下大腹便便的酒瓶树，拍摄于澳大利亚，西澳大利亚州，金伯利地区

佳能EOS-1Ds Mark II，EF16－35mm f/2.8镜头，光圈f/16，快门速度1/50秒，ISO 400

第152页（上）：桉树丛中的酒瓶树，拍摄于澳大利亚，西澳大利亚州，金伯利地区

佳能EOS-1Ds Mark II，EF70－200mm f/2.8镜头+1.4x，光圈f/18，快门速度0.4秒，ISO 100

第152页（下）：酒瓶树，拍摄于澳大利亚，西澳大利亚州，金伯利地区

和非洲的猴面包树一样，澳大利亚的酒瓶树是土著食物、药物和水的来源。水往往汇集于树洞里。

佳能EOS-1Ds Mark II，EF16－35mm f/2.8镜头，光圈f/14，快门速度1/100秒，ISO 400

第153页：酒瓶树，拍摄于澳大利亚，西澳大利亚州，金伯利地区

佳能EOS-1Ds Mark II，EF500mm镜头，光圈f/9，快门速度20秒，ISO 400

第154—155页：雨树，拍摄于美国，夏威夷州，威洛亚州立公园

和很多树一样，这种原产于新热带区的树木已被引入夏威夷群岛。

佳能EOS 5DS R，EF11－24mm f/4L USM镜头，光圈f/11，快门速度1秒，ISO 100

第156—157页：树蕨，拍摄于美国，夏威夷州，夏威夷火山国家公园

佳能EOS 5DS R，EF100－400mm f/4.5－5.6L IS II USM镜头，光圈f/16，快门速度2.5秒，ISO 160

第158页：棕榈树上悬挂的喜林芋藤蔓，拍摄于美国，夏威夷州

佳能EOS 5DS R，EF100－400mm f/4.5－5.6L IS II USM镜头，光圈f/20，快门速度2.5秒，ISO 100

第159页（上）：渴望阳光的木质藤蔓，拍摄于美国，夏威夷州

佳能EOS 5DS R，EF24－70mm f/4L IS USM镜头，光圈f/22，快门速度2秒，ISO 400

第159页（下）：棕榈树根，拍摄于美国，夏威夷州，普纳卢乌海滩

佳能EOS 5DS R，EF24－70mm f/4L IS USM镜头，光圈f/22，快门速度10秒，ISO 250

第160—161页：峡谷峭壁裂缝中顽强的热带红盒树，拍摄于澳大利亚，西澳大利亚州，金伯利地区

佳能EOS 5D Mark III，EF24－105mm f/4L IS USM镜头，光圈f/4，快门速度1/200秒，ISO 800

第162—163页：地中海柏木和意大利石松，拍摄于意大利，托斯卡纳

傍晚的阳光洗刷着陡峭山坡上的一片混交林。场景中重复的形状、深深浅浅的绿色以及柔和的粉色深深地吸引着我。在邻近的山上，架一支长焦镜头，将前景中的干扰元素和远处种着葡萄的山顶一并剔除。

尼康，Nikkor 200－400mm镜头，光圈f/8，快门速度1/15秒，Fujichrome 50胶片

第164页：点缀着橄榄树深绿色叶子的风景，拍摄于意大利，托斯卡纳，奥尔恰谷

佳能EOS 5D Mark III，EF70－200mm f/4L USM镜头，光圈f/11，快门速度1/8秒，ISO 100

第165页：500年的老橄榄树，拍摄于墨西哥，米却肯州，辛祖坦

圣方济各修道院种有33棵橄榄树，代表耶稣基督的年龄。

佳能EOS-1D Mark IV，EF24－105mm f/4L IS USM镜头，光圈f/10，快门速度1/200秒，ISO 500

第166页：孤独的意大利石松，拍摄于意大利，托斯卡纳

用简单的元素实现简洁的构图：一条黄土小道消失在地平线尽头，而路旁站着一棵孤零零的树。为了防止镜头光晕，我在构图时让太阳刚好位于树木的正后方。道路向着太阳的方向延伸，反射了大量的阳光，显得更加突出。

尼康，Nikkor 20mm镜头，光圈f/11，快门速度1/60秒，Fujichrome 50

胶片

第167页：攀附在石灰岩峭壁上的叙利亚松，拍摄于法国，普罗旺斯

佳能，EF镜头，Fujichrome Velvia胶片

第168页：冬青树，拍摄于美国，华盛顿州，西雅图，华盛顿公园植物园

佳能EOS 5DS R，EF100－400mm f/4.5－5.6L IS II USM镜头，光圈f/22，快门速度2秒，ISO 100

第169页：冬青树，拍摄于美国，华盛顿州，西雅图，华盛顿公园植物园

佳能EOS 5DS R，EF100－400mm f/4.5－5.6L IS II USM镜头，光圈f/16，快门速度1/20秒，ISO 400

第171页：薰衣草花海中的冬青栎，拍摄于法国，普罗旺斯，索村

佳能，EF镜头，Fujichrome Velvia胶片

第172—173页：菜棕和弗吉尼亚栎，拍摄于美国，佐治亚州，坎伯兰岛国家滨海公园

佳能，EF镜头，Fujichrome Velvia胶片

第174页：修剪过的梧桐树，拍摄于德国，韦茨拉尔

佳能EOS 5D Mark III，EF24－105mm f/4L IS USM镜头，光圈f/14，快门速度1/50秒，ISO 320

第175页：三球悬铃木，拍摄于英国，伦敦，海德公园

亨利八世为狩猎而建造了海德公园，一个世纪后，即1637年，公园向公众开放。这里有宽广的草坪、林地和水道，是远离都市的理想去处。

佳能EOS 5DS R，EF24－70mm f/4L IS USM镜头，光圈f/6.3，快门速度1/60秒，ISO 200

第176—177页：山毛榉，拍摄于英国，伦敦，海德公园

佳能EOS 5DS R，EF24－70mm f/4L IS USM镜头，光圈f/4，快门速度1/25秒，ISO 400

第178页：垂柳，拍摄于美国，华盛顿州，梅索山谷

索尼ILCE-9，FE 100－400mm F4.5-5.6 GM OSS镜头，光圈f/18，快门速度1/160秒，ISO 800

第179页：加拿大雁在高大的垂柳下觅食，拍摄于美国，华盛顿州，哥伦比亚河

索尼ILCE-9，FE 100－400mm F4.5－5.6 GM OSS镜头，光圈f/6.3，快门速度1/800秒，ISO 1000

第180页：山坡上的云杉、落叶松与松树混交林，拍摄于意大利，多洛米蒂山

佳能EOS 5D Mark III，EF70－200mm f/2.8L IS II USM镜头，光圈f/10，快门速度1/80秒，ISO 1600

第181页：阿尔卑斯山寒风下的欧洲云杉，拍摄于意大利，多洛米蒂山

佳能EOS 5D Mark III，EF24－105mm f/4L IS USM镜头，光圈f/8，快门速度1/80秒，ISO 100

第182页：欧洲水青冈，拍摄于瑞典，斯科纳，南奥森国家公园

水青冈经地底无性繁殖，抽出一根挨一根的树苗，因而植丛整齐划一、葱茏美丽。它们是落叶阔叶树木，树皮薄而光滑，呈灰蓝色，椭圆形的叶子边缘呈锯齿状。在世界上许多地方均有生长，一些品种会结出可食用的小坚果。

间宫645 Pro TL，间宫80mm微距镜头，光圈f/22，快门速度1/30秒，Fujichrome Velvia胶片

第183页：山毛榉树林与风铃草，拍摄于英国，苏格兰，斯凯岛

间宫645 Pro TL，间宫80mm微距镜头，光圈f/22，快门速度1/30秒，Fujichrome Velvia胶片

第184—185页：核桃果园，拍摄于意大利，托斯卡纳，瓦尔德·奥尔恰

佳能EOS 5D Mark III，EF70－200mm f/4L USM镜头，光圈f/25，快门速度1.6秒，ISO 100

第186—187页：北美红杉密布的山脊上升起的浓雾，拍摄于美国，加利福尼亚州，普雷里·克里克红木州立公园

佳能EOS-1N，EF镜头，Fujichrome Velvia胶片

第188页：因产量大、劳力不足而未及时采摘的苹果，拍摄于美国，华盛顿州

索尼ILCE-9，FE 100－400mm F4.5－5.6 GM OSS镜头，光圈f/16，快门1/320秒，ISO 1600

第189页：四月的苹果园，拍摄于美国，华盛顿州，卡什米尔

索尼ILCE-9，FE 100－400mm F4.5－5.6 GM OSS镜头，光圈f/18，快门1/400秒，ISO 800

第191页：因产量大、劳力不足而未及时采摘的苹果，拍摄于美国，华盛顿州

索尼ILCE-9，FE 100－400mm F4.5－5.6 GM OSS镜头，光圈f/16，快门1/250秒，ISO 1600

第192—193页：动物坟场，拍摄于美国，南卡罗来纳州，埃迪斯托艾兰，植物湾野生动物管理区

“坟场”海滩点缀着美国东南沿海的潮汐岛与堰洲岛的外海岸。涌起的海浪侵蚀了海岸，将树木卷入海里。

佳能EOS 5D Mark III，EF16－35mm f/2.8L II USM镜头，光圈f/11，快门速度1/60秒，ISO 100

第194—195页：弗吉尼亚栎，拍摄于美国，南卡罗来纳州，布恩堂庄园

佳能EOS 5D Mark III，EF70－200mm f/4L USM镜头+1.4x，光圈f/22，快门速度0.4秒，ISO 100

第196页：美国榆，拍摄于美国，纽约，中央公园

佳能EOS-1Ds Mark II，EF70－200mm f/2.8镜头+1.4x，光圈f/18，快门速度0.6秒，ISO 400

第197页：美国榆，拍摄于美国，纽约

佳能EOS-1Ds Mark II，EF70－200mm f/2.8镜头+1.4x，光圈f/22，快门速度1/10秒，ISO 400

第198—199页：枫树，拍摄于美国，华盛顿州，梅索山谷

索尼ILCE-9，FE 100－400mm F4.5－5.6 GM OSS镜头，光圈f/13，快门速度1/400秒，ISO 800

第200—201页：西黄松林，拍摄于美国，俄勒冈州，蓝山

佳能EOS 5DS R，EF200－400mm f/4L IS USM镜头，光圈f/32，快门速度1秒，ISO 100

第202页：拉马尔山谷白霜里的棉白杨，拍摄于美国，怀俄明州，黄石国家公园

佳能EOS-1N，EF80－200mm镜头，Fujichrome Velvia胶片

第203页：棉白杨，拍摄于美国，华盛顿州

喀斯喀特山脉东坡的一场雪下得尤其早，大地忽然间变成一个圣诞水晶球。金色的棉白杨衬着大片干燥的雪花，显得分外有趣。

佳能EOS 5D，EF70－200mm f/2.8镜头，光圈f/2.8，快门速度1/640秒，ISO 1600

第204页：锡纳韦瓦寺中的棉白杨，拍摄于美国，犹他州，宰恩国家公园

春天是公园内瀑布的丰水期。锡纳韦瓦寺供奉的是派尤特人的狼神。

佳能EOS-1Ds Mark II，Focal length 40 f/4，光圈f/18，快门速度1.6秒，ISO 100

第205页：秋天的弗里蒙特棉白杨，拍摄于美国，犹他州，宰恩国家公园

佳能EOS-1DS，EF70－200mm f2.8镜头+2x，光圈f/16，快门速度1/5秒，ISO 50

第206—207页：穿过颤杨林的阳光，拍摄于美国，加利福尼亚州，内华达山脉东部

佳能EOS 5DS R，Zeiss Distagon T* 2.8/15 ZE镜头，光圈f/22，快门速度1/200秒，ISO 400

第208—209页：大棱镜温泉前的加州扭叶松树干，拍摄于美国，怀俄明州，黄石国家公园

大棱镜温泉是黄石公园内最大的温泉，前景中的扭叶松树干是1988年夏天席卷黄石公园的大火摧毁的松树林的残骸。尽管在当时近乎毁灭，这场大火最终却产生了积极的影响，烧毁的茂密的扭叶松林腾出了大片栖息地，为公园里相当数量的鹿、驼鹿、麋鹿和野牛提供了草料。拍摄这张照片时，我用了600mm的远摄镜头，画面边缘紧贴温泉美丽的色带，同时展现死去的松树晒白的树干和树枝那简洁的线条。

佳能EOS-1N，Canon 600mm镜头，光圈f/22，快门速度1/2秒，Fujichrome Velvia胶片

第210页（上）：加州栎，拍摄于美国，加利福尼亚州

佳能EOS-1DS，EF70－200mm f/2.8镜头，光圈f/20，快门速度0.8秒，ISO 200

第210页（下）：橡树丛，拍摄于美国，得克萨斯州，阿兰瑟斯国家野生动物保护区

佳能EOS 5DS R，EF200－400mm f/4L IS USM镜头，光圈f/16，快门速度0.5秒，ISO 100

第211页：弗吉尼亚栎与由矮棕榈组成的下层植被，拍摄于美国，佐治亚州，坎伯兰岛国家海岸

佳能，EF镜头，Fujichrome Velvia胶片

第212—213页：颤杨，拍摄于美国，科罗拉多州，落基山脉

佳能EOS 5DS R，EF100－400mm f/4.5－5.6L IS II USM镜头，光圈f/8，快门速度1/500秒，ISO 400

第214页（上）：苔藓和地衣覆盖的橡树，拍摄于美国，加利福尼亚州，亨利·W. 科州立公园

佳能EOS-1Ds Mark III，EF70－200mm f/4L IS USM镜头，光圈f/22，快门速度0.8秒，ISO 100

第214页（下）：加州栎，拍摄于美国，加利福尼亚州，亨利·W. 科州立公园

佳能，EF镜头，Fujichrome Velvia胶片

第215页：橡树林，拍摄于美国，加利福尼亚州，亨利·W. 科州立公园

佳能，EF镜头，Fujichrome Velvia胶片

第216—217页：橡树林，拍摄于美国，加利福尼亚州，亨利·W. 科州立公园

亨利·W. 科州立公园是加利福尼亚州北部最大的州立公园，以广阔的本地树木与灌木、幽深的峡谷和遍布西黄松的山脊著称。

佳能EOS-1Ds Mark III，EF70－200mm f/4镜头，光圈f/14，快门速度1/320秒，ISO 100

第218页：巨杉、太平洋狗木与西黄松，拍摄于美国，加利福尼亚州，约塞米蒂国家公园

一株开花的小山茱萸依偎在布满苔藓的古老巨树的树干间，显得格外矮小。

间宫645 Pro TL，间宫80mm微距镜头，光圈f/22，快门速度1/30秒，Fujichrome Velvia胶片

第219页：马里波萨树林中巨杉脚下渺小的游客，拍摄于美国，加利福尼亚州，约塞米蒂国家公园

尼康，Nikkor 200－400mm镜头，光圈f/11，快门速度1/15秒，Fujichrome Velvia胶片

第220页：马里波萨树林中巨杉脚下渺小的游客，拍摄于美国，加利福尼亚州，约塞米蒂国家公园

尼康，Nikkor 200－400mm镜头，光圈f/11，快门速度1/15秒，Fujichrome Velvia胶片

第221页：巨杉，拍摄于美国，加利福尼亚州，红杉国家公园

间宫645 Pro TL，Fujichrome Velvia胶片

第222页：北美红杉，拍摄于美国，加利福尼亚州，雷德伍德国家公园

尼康，Nikkor lens，Fujichrome Velvia胶片

第223页（上）：巨杉，拍摄于美国，加利福尼亚州，红杉国家公园

红杉国家公园，建于1890年，海拔范围从312米的山麓地带一直到4417米的山脊。公园内生长的大片巨型红杉是地球上最大的生物之一。红杉以切罗基族书写体系的创始人塞阔雅（Sequoyah）的名字命名。这些巨树可以长到超过33米高，其中一些已有3000多年的历史了。它们只生长于内华达山脉的西坡，是加利福尼亚海岸红杉的近亲，不过海岸红杉树干更细，树干更细，且只生长于加利福尼亚州北部太平洋沿岸的狭长地区。公园内的谢尔曼将军树是世界上体积最大的树木。

富士GX617，Fujinon 180mm镜头，光圈f/32，快门速度4秒，Fujichrome Velvia胶片

第223页（下）：北美红杉林中茂盛的西方剑叶耳蕨和酢浆草，拍摄于美国，加利福尼亚州，雷德伍德国家公园

富士GX617，Fujinon 180mm镜头，Fujichrome Velvia胶片

第224—226页：巨杉林，拍摄于美国，加利福尼亚州，红杉国家公园

一夜大雪过后，我驱车穿过加州的红杉国家公园，被这片森林深深吸引。拍摄树干中段时，主宰画面的一般是对称性，然而在这一场景中，色彩才是一切的关键。巨杉美丽而柔和的红色、爬满地衣的冷杉的黄色和针叶的翠绿色交织在一起，绘成一幅五彩斑斓的全景图。另外，森林地面被积雪覆盖，向上反射光线，使得树木散发柔和的冷光。

富士GX617，Fujinon 90mm镜头，光圈f/22，快门速度4秒，Fujichrome Velvia胶片120 film

第227—228页：透过北美红杉树干的阳光，拍摄于美国，加利福尼亚州，索诺马县

佳能EOS 5D Mark II，EF16－35mm f/2.8L II USM镜头，光圈f/18，快门速度0.3秒，ISO 100

第229页（上）：上帝之光透过升起的薄雾和北美红杉，拍摄于美国，加利福尼亚州，雷德伍德国家公园

富士GX617，Fujichrome Velvia胶片

第229页（下）：巨杉，拍摄于美国，加利福尼亚州，约塞米蒂国家公园

巨杉的树干为各种苔藓地衣提供了绝佳的栖息地。这些巨树通常成片生长在海拔约2286米的地区，寿命可达3200年。

富士GX617，Fujichrome Velvia胶片

第230页：太平洋狗木和西黄松，拍摄于美国，加利福尼亚州，约塞米蒂国家公园

佳能，EF镜头，Fujichrome Velvia胶片

第231页：一只乌林鸮落在布满地衣的西黄松树枝上，拍摄于美国，俄勒冈州，蓝山

佳能EOS 5DS R，EF200－400mm f/4L IS USM EXT镜头，光圈f/8，快

门速度1/10秒，ISO 160

第232页：颤杨，拍摄于美国，加利福尼亚州，内华达山脉东部

佳能EOS-1D X，EF24－105mm f/4L IS USM镜头，光圈f/11，快门速度1/60秒，ISO 640

第233页：冰碛湖畔的针叶混交林，拍摄于加拿大，艾伯塔，班夫国家公园

佳能EOS-1Ds Mark III，EF16－35mm f/2.8L II USM镜头，光圈f/14，快门速度2.5秒，ISO 100

第234页：北方森林，拍摄于美国，阿拉斯加州，迪纳利州立公园

云杉是北美北部温带森林的主要树种。

佳能，EF镜头，Fujichrome Velvia胶片

第235页：北极光，拍摄于加拿大，西北地区，马更些山脉

我喜欢自然摄影中各种元素交汇碰撞出奇迹的那些意想不到的瞬间。有一回，我参加了为期十天的木筏之旅，途经北美称得上人迹罕至的山脉——加拿大马更些山脉的西北部。山脉以苏格兰探险家亚历山大·马更些之名命名。1793年，马更些从蒙特利尔出发，横跨整片北美大陆，到达不列颠哥伦比亚省的贝拉库拉，是历史上第一个完成此壮举的白人。没错，比刘易斯和克拉克的探险还要早上十年。马更些山脉坐落于育空地区和西北地区的接壤地带，有一段位于纳汉尼国家公园那壮阔的荒野之中。旅途中，天气异常寒冷潮湿，几乎每天都会遇上阵雨。虽然有时也能看到灰狼和小群的山地驯鹿等野生动物，但山地地区多半都为云雾所笼罩。一天傍晚，云层散去，出现绝美的北极光，大家都惊叹不已。这样的景象多出现于晚秋时节，因此大家都没有预料到。拍摄北极光时，我发现最美的便是把部分风景纳入构图，清晰的环境更有利于观赏极光盛景。

佳能EOS-1N，Canon EF 17－35mm，光圈f/2.8，快门速度30秒，Fujichrome Provia 400胶片

第236页（上）：冰雪融水汩汩汇入新娘面纱瀑布底部，拍摄于美国，加利福尼亚州，约塞米蒂国家公园

桤树、太平洋狗木、枫树和橡树等硬木都在约塞米蒂谷的洼地中生长。

佳能，EF镜头，Fujichrome Velvia胶片

第236页（下）：西黄松，拍摄于美国，犹他州，宰恩国家公园

索尼DSLR-A900，24－70mm F2.8 ZA SSM镜头，光圈f/14，快门速度0.5秒，ISO 100

第237页：砂岩夹缝中发育不良的扭曲的西黄松，拍摄于美国，犹他州，宰恩国家公园

佳能EOS-1DS，EF70－200mm f/2.8镜头+2x，光圈f/18，快门速度1/8秒，ISO 50

第238页：风中被冰雪覆盖的针叶树，拍摄于美国，华盛顿州，雷尼尔山国家公园

佳能EOS-1DS，EF70－200mm f/2.8镜头，光圈f/22，快门速度1/30秒，ISO 50

第239页（上）：雪堆中的松树苗，拍摄于美国，怀俄明州，黄石国家公园

佳能EOS-1D X，EF70－200mm f/2.8L IS II USM镜头，光圈f/18，快门速度1/1600秒，ISO 800

第239页（下）：毛果冷杉，拍摄于美国，俄勒冈州，胡德山国家森林

佳能EOS-1Ds Mark II，EF70－200mm镜头，光圈f/29，快门速度2秒，ISO 100

第240页：大叶槭上垂挂的苔藓，拍摄于美国，华盛顿州，奥林匹克国家公园，霍雨林

佳能EOS 5DS R，EF100－400mm f/4.5－5.6L IS II USM镜头，光圈f/18，快门速度1.6秒，ISO 100

第241页：针叶树上凝结的间歇泉蒸汽，拍摄于美国，怀俄明州，黄石国家公园

佳能EOS-1D X，EF24－70mm f/4L IS USM镜头，光圈f/14，快门速度1/640秒，ISO 800

第242页：玄武岩峭壁底部的大叶槭，拍摄于美国，俄勒冈州，哥伦比亚河谷

间宫645 Pro-TL，胶片拍摄

第243页（左上）：大叶槭·春，拍摄于美国，华盛顿州

中画幅，柯达彩色胶片

第243页（右上）：大叶槭·夏，拍摄于美国，华盛顿州

中画幅，柯达彩色胶片

第243页（左下）：大叶槭·秋，拍摄于美国，华盛顿州

中画幅，柯达彩色胶片

第243页（右下）：大叶槭·冬，拍摄于美国，华盛顿州

中画幅，柯达彩色胶片

第244页：春雨中的大叶槭，拍摄于美国，华盛顿州

间宫645 Pro-TL，Fujichrome Velvia胶片

第245页：形似烛台的大叶槭，拍摄于美国，华盛顿州，奥林匹克半岛

索尼DSLR-A900，24－70mm F2.8 ZA SSM镜头，光圈f/16，快门速度1.6秒，ISO 100

第246—247页：日本枫树，拍摄于美国，华盛顿州，西雅图，华盛顿公园植物园

成年日本枫树那虬曲伸展的枝干引人入胜。初秋之时，枫叶呈现黄、绿、橙的斑斓色彩，甚是壮观。

佳能EOS-1D X，EF15mm f/2.8 Fisheye胶片，光圈f/10，快门速度1/40秒，ISO 2500

第248—249页：大叶槭，拍摄于美国，俄勒冈州，哥伦比亚河谷

佳能EOS 5DS R，EF100－400mm f/4.5－5.6L IS II USM镜头，光圈f/16，快门速度1.3秒，ISO 100

第250—251页：锡特卡山梣木，拍摄于美国，华盛顿州，雷尼尔山国家公园

雷尼尔山一直是我初秋时节钟爱的僻静处。日落的余晖照耀着前景中茂密的锡特卡山梣木那天然去雕饰的美。

第252—253页：纸桦，拍摄于美国，明尼苏达州，苏必利尔国家森林

明尼苏达州的北部森林因其边境水域泛舟区而闻名，湖区挨着加拿大边境，景色壮观。这里的森林和湖泊是狼、黑熊、驼鹿和鹿等各种野生动物的栖息地。金秋时节，北部森林层林尽染，交织着纸桦、橡树和糖枫树的斑斓色彩。拍摄这张桦树林的全景照片时，在1秒的曝光时间里，一阵微风吹动了树叶。焦点的锐利与运动的模糊相结合，使得简单的风景蜕变成一幅印象派画作。纸桦树，别名白桦，原产于北半球的寒凉地区。桦树柔韧的白色树皮可以从树上水平剥落。原住民素来用这种美丽的树皮制作独木舟和篮子等物品。

哈苏XPan，XPan 4/45mm镜头，光圈f/22，快门速度1秒，Fujichrome Velvia胶片

第254—255页：榛子果园，拍摄于美国，俄勒冈州

佳能EOS 5D Mark II，EF70－200mm f/2.8L IS USM镜头，光圈f/20，快门速度1.3秒，ISO 50

第256页：倒下的加州黄松，拍摄于美国，加利福尼亚州，约塞米蒂国家公园

这棵因安塞尔·亚当斯而出名的加州黄松在2003年被推倒。

佳能，EF镜头，Fujichrome Velvia胶片

第257页：星迹下的长寿松，拍摄于美国，加利福尼亚州，怀特山

狐尾松被认为是地球上持续存活时间最长的生物，最古老的一棵，玛士撒拉，据估计已有近5000年的历史了。它们生长在东加利福尼亚州怀特山上海拔3658米的地方。死去后，那异常坚韧的树干还能挺立几个世纪。这些节瘤盘生、风沙蚀刻的树木展现了北美大陆上最恶劣的气候条件下存活的生命。它们似乎喜欢海拔高，土壤、水分稀薄，寒冷多风的环境。为了拍摄这张照片，我等到夜幕降临，确定好北极星的位置，用贫瘠山脊上的一棵孤零零的狐尾松那粗壮的枝条为它搭好景框。待到夜空中的背景光完全消失，才开始持续4小时的曝光。我知道，月出大约在4小时之后，一旦月亮升上夜空，星星的光辉便会暗淡。曝光的最初几分钟，我用头灯照亮树干，希望给这剪影增添一些细节。我喜欢星星围绕古老的狐尾松旋转时产生的晕轮效果。

佳能EOS-1N，EF16－35mm镜头，光圈f/2.8，曝光时间4小时，Fujichrome Velvia胶片

第258—259页：生长在花岗岩裂缝中的松树，拍摄于美国，加利福尼亚州，约塞米蒂国家公园

佳能EOS 5D Mark II，EF15mm f/2.8鱼眼镜头，光圈f/14，快门速度1/40秒，ISO 50

第260—261页：星迹下的长寿松，拍摄于美国，加利福尼亚州，怀特山，古狐尾松林

佳能EOS-1N，EF80－200mm镜头，光圈f/2.8，曝光时间8小时，Fujichrome Velvia胶片

第262页：特里吉特人刻在巨云杉树干上的猫头鹰，拍摄于美国，阿拉斯加州，冰川湾国家公园和保护区

佳能，EF镜头，Fujichrome Velvia胶片

第263页：海达族纪念柱，拍摄于加拿大，不列颠哥伦比亚，海达瓜依，安东尼岛，尼斯廷斯村

为创作我的第一本书《太平洋西北和加拿大的原住民篮子》（1978），我游历太平洋西北地区，以当地景观为背景，拍摄了一组篮子的照片。其间，我来到海达瓜依（夏洛特女王群岛）安东尼岛上一个偏远的村落遗址（尼斯廷斯）。照片拍摄的是一组美丽绝伦的图腾柱，传统上，它们会在森林里慢慢地腐烂。柱子通常由红雪松雕刻而成，可以保存近100年，不过大多数的寿命要短得多。

中画幅，柯达彩色胶片

第264—265页：道格拉斯冷杉林航拍图，拍摄于美国，华盛顿州，斯诺夸尔米国家森林

我喜欢航拍照片，它们展现了平常看不到的视角。例如，这张照片里，茂密的道格拉斯冷杉林中高大树木的树影投射在低垂的雾气上，缔造了一幅光与线条的抽象图。清晨倾斜的太阳光线使得阴影成为构图的主要特征。若从地面上看，这片森林或许并不能引起我的注意。贝克山－斯诺夸尔米国家森林是美国游客最密集的地方之一。它位于西雅图东北部，从加拿大边境的喀斯喀特山一直延伸到雷尼尔山国家公园以北。国家森林中有包括贝克山在内的壮丽山峰，还有大片的道格拉斯冷杉、西部铁杉和红桤木。道格拉斯冷杉以苏格兰植物学家大卫·道格拉斯的名字命名，他于1826年在太平洋西北地区发现了这种树木。这是一种高大的常绿针叶树，在太平洋西北海岸潮湿、温和的有利气候下，可以长到85米高。

第266页：弗里蒙特棉白杨，拍摄于美国，新墨西哥州

佳能，EF镜头，Fujichrome Velvia胶片

第267页：苔藓上慢慢腐化的毛果杨枯叶，拍摄于美国，华盛顿州，奥林匹克半岛

间宫645 Pro-TL，Fujichrome Velvia胶片

第268—269页：银河下砂岩拱门里枯死的刺柏，拍摄于美国，犹他州，莫阿布

佳能EOS 5D Mark II，EF15mm f/2.8鱼眼镜头，光圈f/2.8，快门速度30秒，ISO 1600

第270页：颤杨，拍摄于美国，加利福尼亚州，内华达山脉东部

佳能EOS-1D X，EF24－105mm f/4L IS USM镜头，光圈f/5.6，快门速度1/100秒，ISO 640

第271页：云杉小岛，拍摄于加拿大，不列颠哥伦比亚，海达瓜依

尼康，Nikkor镜头，Fujichrome Velvia胶片

第272—273页：加州黄松，拍摄于美国，加利福尼亚州，约塞米蒂国家公园，奥姆斯特德

一缕阳光穿过厚厚的云层，照亮了松树前的两块花岗岩圆石。这束不寻常的光增加了照片的质感。

尼康，Nikkor 20mm广角镜头，Fujichrome 50

第274—275页：一条小溪淙淙流过由北美乔柏、道格拉斯冷杉与异叶铁杉组成的树林，拍摄于美国，俄勒冈州，哥伦比亚河谷

佳能EOS 5DS R，EF24－70mm f/4L IS USM镜头，光圈f/16，快门速度5秒，ISO 100

第276—277页：颤杨林中吃草的驼鹿，拍摄于美国，怀俄明州，大提顿国家公园

佳能EOS-1D X，EF70－200mm f/4L IS USM镜头，光圈f/22，快门速度1/125秒，ISO 4000

第278—279页：从温迪山脊看圣海伦斯火山口被刮倒的树，拍摄于美国，华盛顿州，圣海伦斯火山国家纪念碑

佳能EOS-1V，EF80－200mm镜头，光圈f/16，快门速度1/125秒，Fujichrome Velvia胶片

第280页：落叶木中散布着被铁杉球蚜摧毁的铁杉的断枝

佳能EOS 5D Mark III，EF70－200mm f/2.8L IS II USM镜头，光圈f/8，快门速度1/4秒，ISO 100

第281页：秋天的颜色，拍摄于美国，北卡罗来纳州，大雾山

拍摄这张照片时，飓风"桑迪"正在大西洋中部海岸蓄积风力，缓慢推进。第二天，所有的叶子都被卷走了。

佳能EOS 5D Mark III，EF24－105mm f/4L IS USM镜头，光圈f/18，快门速度2.5秒，ISO 100

第282—283页：洪溢雨林航拍图，拍摄于巴西，亚马孙，亚马孙河

佳能EOS-1D X，EF24－105mm f/4L IS USM镜头，光圈f/4，快门速度1/500秒，ISO 800

第284—285页：南方山毛榉树林，拍摄于阿根廷，冰川国家公园

佳能EOS-1D X，EF70－200mm f/2.8L IS II USM镜头，光圈f/13，快门速度1/4秒，ISO 100

第286页：猴谜树，拍摄于美国，华盛顿州

猴谜树，又称智利松，原产于智利南部和阿根廷西部，不过在温带各地均生长良好。

索尼ILCE-7RM3，FE 100－400mm F4.5－5.6 GM OSS镜头，光圈f/18，快门速度1/250秒，ISO 400

第287页：柱状南洋杉，拍摄于美国，夏威夷州

和它们的表亲猴谜树一样，柱状南洋杉有独特的螺旋状树枝和史前生

物般的外观。

佳能EOS 5DS R，EF100－400mm f/4.5－5.6L IS II USM镜头，光圈f/8，快门速度1/1600秒，ISO 500

第288页：粉色重蚁树，拍摄于秘鲁，坦博帕塔国家自然保护区

湛蓝的天空映衬着这棵高大的雨林树木绚烂的粉花。这种木材十分受欢迎，因此也遭遇了过度砍伐。

尼康F4，Nikkor 200－400mm镜头，光圈f/11，快门速度1/15秒，Fujichrome Velvia胶片

第289页（上）：蒙特韦德·克劳德森林保护区，拍摄于哥斯达黎加

雨林树冠形成了茂密的遮蔽物，阳光几乎无法穿透森林到达地表。

尼康F4，Nikkor 50mm镜头，光圈f/16，快门速度1/8秒，Fujichrome Velvia胶片

第289页（下）：板状根，拍摄于巴拿马，巴洛·科罗拉多岛

这是所有雨林地区的一个特征，这些支柱根有助于支撑那些根系较浅的树木。

尼康F4，Nikkor 20mm镜头，光圈f/16，快门速度1/8秒，Fujichrome Velvia胶片

第290—292页：葱郁的雨林植被，拍摄于巴拿马，巴洛·科罗拉多岛

尼康，Nikkor 20mm镜头，Fujichrome Velvia胶片

第293页：亚诺玛米猎人，拍摄于委内瑞拉，帕里马·塔皮拉佩科国家公园

尼康N90s，Nikkor 80－200mm镜头，光圈f/11，快门速度1/8秒，Fujichrome Velvia镜头

第294页：葱郁的雨林植被，拍摄于巴拿马，巴洛·科罗拉多岛

尼康，Nikkor 20mm镜头，Fujichrome Velvia胶片

第295页：南方山毛榉与莫雷诺冰川，拍摄于阿根廷，冰川国家公园

南美洲最南端的许多植物种类与新西兰和塔斯马尼亚的相同，其中就包括南方山毛榉。

佳能EOS 5DS R，EF70－200mm f/4L IS USM镜头，光圈f/7.1，快门速度1/250秒，ISO 400

第296页：玉檀香树林，拍摄于厄瓜多尔，科隆群岛，圣克鲁斯岛

佳能EOS-1D X，EF100－400mm f/4.5－5.6L IS II USM镜头，光圈f/8，快门速度1/40秒，ISO 250

第297页：玉檀香与加岛刺梨仙人掌林，拍摄于厄瓜多尔，科隆群岛，圣克鲁斯岛

玉檀香，在西班牙语中被称为“帕洛·桑托”（Palo santo）——“神圣的树枝”，在南美常被用于制造药品和熏香。它与乳香和没药同属橄榄科植物。

佳能EOS-1D X，EF100－400mm f/4.5－5.6L IS II USM镜头，光圈f/5，快门速度1/1000秒，ISO 1600

第298页（上）：被烧毁的山毛榉树林，拍摄于智利，托雷斯·德尔·帕伊内国家公园

一场完全可以避免的悲剧造就了几年后的一张照片。山火在托雷斯·德尔·帕伊内并不常见，但在过去几年里，粗心的徒步者屡屡诱发火灾。2011年的大火烧毁了4万英亩土地。

佳能EOS 5DS R，EF100－400mm f/4.5－5.6L IS II USM镜头，光圈f/16，快门速度1/10秒，ISO 100

第298页（下）：被烧毁的山毛榉树林，拍摄于智利，托雷斯·德尔·帕伊内国家公园

佳能EOS-1D X，EF24－70mm f/4L IS USM镜头，光圈f/16，快门速度1/160秒，ISO 2000

第299页：烧毁的扭曲的山毛榉和帕伊内高原，拍摄于智利，托雷斯·德尔·帕伊内国家公园

佳能EOS 5DS R，Zeiss Distagon T* 2.8/15 ZE镜头，光圈f/13，快门速度1/5秒，ISO 100

第300—301页：蓝色的布埃尔塔斯河河畔的南方山毛榉，拍摄于阿根廷，冰川国家公园

佳能EOS 5D Mark III，EF70－200mm f/2.8L IS II USM镜头，光圈f/18，快门速度1.6秒，ISO 160

第302页：开花的黄花风铃木，拍摄于巴拿马，博卡斯-德尔托罗群岛

佳能EOS-1N，EF70－200mm镜头，Fujichrome Velvia胶片

第303页：生长在棕榈树上的凤梨，拍摄于巴拿马，博卡斯-德尔托罗群岛

佳能EOS-1N，EF镜头，Fujichrome Velvia胶片

第304—305页：浴火重生，拍摄于美国，怀俄明州，黄石国家公园

佳能EOS-1V，EF80－200mm镜头，光圈f/22，快门速度1/15秒，Fujichrome Velvia胶片

第306页（左上）：预先计划的火烧，拍摄于不丹

对一个如此依赖森林及林作物的国家而言，森林管理对保持生态系统的健康至关重要。

佳能EOS-1DS，EF70－200mm f/2.8镜头+2x，光圈f/5.6，快门时间0.3秒，ISO 100

第306页（左下）：林火，拍摄于澳大利亚，北部地区，阿纳姆地

佳能EOS-1Ds Mark II，EF70－200mm f/2.8镜头，光圈f/8，快门速度1/1250秒，ISO 400

第306页（右下）：烧焦的树干，拍摄于加拿大，艾伯塔，贾斯珀国家公园

佳能EOS 5D Mark II，EF24－105mm f/4L IS USM镜头，光圈f/22，快门速度1秒，ISO 100

第307页：火山爆发摧毁的树木，拍摄于美国，华盛顿州，圣海伦斯国家火山纪念碑

圣海伦斯火山爆发后，短短48小时内，大块融化的冰川在温暖的火山灰下产生滚滚蒸汽；成片森林因火山爆发而遭到破坏。

尼康，Nikkor镜头，Kodachrome 64胶片

第308页：啄木鸟寻找虫子时钻出的洞，拍摄于美国，科罗拉多州

尼康，Nikkor镜头，Fujichrome Velvia胶片

第309页：森林再生，拍摄于美国，华盛顿州，圣海伦斯国家火山纪念碑

佳能EOS-1V，EF80－200mm镜头，Fujichrome Velvia胶片

第310—311页：长寿松，拍摄于美国，加利福尼亚州，怀特山，古狐尾松森林

佳能EOS 5D Mark III，EF16－35mm f/2.8L II USM镜头，光圈f/5.6，快门速度1/100秒，ISO 1000

第312—313页：小岛上的美国草莓树，拍摄于美国，华盛顿州，圣胡安群岛

单凭那易剥落的黄褐色树皮，人们一眼就能认出美国草莓树原产于北美洲太平洋沿岸。它们的数量正在减少，部分是由于火灾的防控——它们的种子需借助火烧发芽。此外，美国草莓树对排水变化及各种病原体也非常敏感。

佳能EOS-1DS，EF70–200mm f/2.8镜头，光圈f/2.8，快门速度1/320秒，ISO 100

第321页：加州圆柏，拍摄于美国，加利福尼亚州，约书亚树国家公园

佳能EOS-1D X，EF15mm f/2.8鱼眼镜头，光圈f/9，快门速度1/200秒，ISO 125

加州圆柏，拍摄于美国，加利福尼亚州，约书亚树国家公园

致　谢

献给拉乌尔——在我合作过的出版人里，从未有人像他这般注重过程。

特别感谢考特尼雷·安德森、彼得·贝伦，以及我的工作室人员戴尔德丽·斯基尔曼、凯尔·琼斯、克里斯汀·埃克霍夫、莉比·法伊弗、卡洛琳·亚历山大，他们是我的“支柱根”，没有他们，这本书便没有可能。

图书在版编目（CIP）数据

树：天地之间 /（美）阿特·沃尔夫摄；（美）格里高利·麦克纳米文；孙依静译. -- 北京：北京联合出版公司，2023.8

ISBN 978-7-5596-6817-2

Ⅰ. ①树… Ⅱ. ①阿… ②格… ③孙… Ⅲ. ①树木—世界—图集 Ⅳ. ①S718.4-64

中国国家版本馆CIP数据核字（2023）第058901号

树：天地之间

著　　者：［美］阿特·沃尔夫 摄 ［美］格里高利·麦克纳米 文
译　　者：孙依静
出 品 人：赵红仕
选题策划：后浪出版公司
出版统筹：吴兴元
编辑统筹：郝明慧
特约编辑：程培沛　刘冠宇
责任编辑：龚　将
营销推广：ONEBOOK
装帧制造：墨白空间·张　萌

北京联合出版公司出版
（北京市西城区德外大街83号楼9层　100088）
后浪出版咨询（北京）有限责任公司发行
天津图文方嘉印刷有限公司印刷　新华书店经销
字数54千字　787毫米×1194毫米　1/8　37.5印张　24插页
2023年8月第1版　2023年8月第1次印刷
ISBN 978-7-5596-6817-2
定价：480.00元